Micropolitiques de la biodiversité

Experts et professionnels de la nature

P.I.E. Peter Lang

Bruxelles · Bern · Berlin · Frankfurt am Main · New York · Oxford · Wien

Céline GRANJOU

Micropolitiques de la biodiversité

Experts et professionnels de la nature

Ecopolis
n° 20

Ce livre a bénéficié d'un soutien financier à la publication d'Irstea.

Tous les volumes de cette collection sont publiés après double révision à l'aveugle par des pairs.

Éditions scientifiques internationales
Bruxelles, 2013
1 avenue Maurice, B-1050 Bruxelles, Belgique
www.peterlang.com ; info@peterlang.com

Imprimé en Allemagne

ISSN 1377-7238
ISBN 978-2-87574-113-4

D/2013/5678/98

« Die Deutsche Bibliothek » répertorie cette publication dans la « Deutsche Nationalbibliografie » ; les données bibliographiques détaillées sont disponibles sur le site <http://dnb.ddb.de>.

Table des matières

Troisième partie. Coproduire les savoirs de la biodiversité. Entre recherche et gestion

Remerciements

Je tiens ici à remercier tout particulièrement Isabelle Mauz avec qui une grande partie des travaux et des analyses qui font la trame de ce livre a été réalisée, même si je suis seule responsable de la formulation proposée ici. Le développement de ma recherche a été nourri par des collaborations, séminaires et discussions avec des collègues que je souhaite remercier ici : Arnaud Cosson, Virginie Tournay, Séverine Louvel, Marc Barbier, Claude Gilbert, Michel Daccache, Coralie Mounet… Un grand merci à Dominique Vinck dont les commentaires sur une version antérieure du texte ont contribué à sa maturation et à son amélioration.

Je tiens aussi à remercier vivement les nombreuses personnes qui ont bien voulu se prêter au jeu de l'entretien, sans lesquelles ce livre n'aurait pas vu le jour : gestionnaires de parcs ou d'autres structures dédiées à la protection et à la gestion d'espaces naturels, éleveurs et représentants agricoles, chercheurs, et aussi certains de mes collègues écologues et agro-écologues.

Je remercie Irstea pour son soutien à la publication de cet ouvrage, et plus particulièrement l'équipe de l'Unité Développement des Territoires Montagnards à Irstea Grenoble.

Un merci tout particulier enfin à Thierry pour sa présence et son soutien à mon travail.

Préface

Isabelle MAUZ

Biodiversité. Depuis le début des années 1990, la notion a fait une entrée un peu remarquée sur la scène publique. Elle avait été élaborée quelques années plus tôt par des biologistes de la conservation qui espéraient enrayer enfin, grâce à elle, la disparition des espèces et la dégradation de leurs habitats. La biodiversité n'est pas tout à fait la même chose que la nature. Elle a été construite avec un certain nombre d'attributs distinctifs. Elle désigne la totalité du vivant, à toutes ses échelles d'organisation et sous toutes ses formes. Elle inclut en particulier l'espèce humaine, ce qui n'était pas évident avec la nature. Elle est à la fois indispensable à la vie sur Terre, dont celle de l'humanité, et menacée par les activités humaines : il est souvent question d'une sixième grande crise d'extinction des espèces, d'origine anthropique. Mais des activités traditionnelles ou des interventions relevant de l'ingénierie écologique paraissent aussi susceptibles de la favoriser. Enfin, la connaissance limitée que l'on en a justifie que de puissants moyens d'investigation soient déployés pour l'explorer. Englobante, méconnue, indispensable et menacée, la biodiversité apparaît au final comme devant être explorée et « pilotée »[1]. Elle appelle un vaste programme d'actions visant à la connaître et à la préserver. En d'autres termes, elle appelle la mise en place de politiques spécifiques.

Politiques de la biodiversité. L'expression évoque peut-être d'abord les institutions qui ont été conçues spécialement pour prendre en charge la biodiversité. Il en existe aujourd'hui à toutes les échelles. Une convention internationale sur la diversité biologique (CDB) a vu le jour dès 1992, lors du Sommet de la Terre de Rio ; tout récemment, une plateforme intergouvernementale sur la biodiversité et les services écosystémiques (IPBES) a été créée après plusieurs années d'âpres négociations. En France, comme dans bien d'autres pays, une stratégie nationale sur la biodiversité a été élaborée pour mettre en œuvre la CDB. Et une structure, la Fondation pour la Recherche sur la Biodiversité (FRB), vise à fédérer les acteurs de la biodiversité et à favoriser leurs échanges et leurs initiatives. Des institutions régionales, départementales et locales enten-

[1] Blandin, Patrick. 2009. *De la protection de la nature au pilotage de la biodiversité*. Paris : Éditions Quae.

dent également agir en faveur de la biodiversité. On dispose donc aujourd'hui de nombreuses institutions de la biodiversité, au point que l'on peine parfois à s'y retrouver. Mais les politiques de la biodiversité s'élaborent aussi ailleurs et autrement, dans l'expérimentation de nouvelles pratiques de connaissance et de gestion du vivant. Ces expérimentations sont discrètes, le plus souvent : elles se nichent dans la mise au point d'une nouvelle manière de dénombrer les grands prédateurs, de gérer une population animale ou végétale qui pose localement problème, de rouvrir un ancien espace pâturé à un troupeau domestique, etc. Dans ces expérimentations parfois de grande ampleur mais souvent minuscules, des techniques et des instruments s'inventent, des savoirs et des savoir-faire émergent et se métissent, les identités des êtres de nature et de ceux qui s'y intéressent ou s'en occupent se transforment et se renégocient.

Micropolitiques de la biodiversité, donc. On pense naturellement aux micropolitiques de Deleuze et Guattari[2] et à la microphysique du pouvoir de Michel Foucault[3]. De fait, les micropolitiques de la biodiversité produisent une nouvelle mise en ordre du vivant et, dans le même mouvement, de ceux qui s'en occupent. Les milieux naturels et les populations animales et végétales qu'ils hébergent sont documentés et suivis toujours plus finement. Cela instaure la possibilité de formes de contrôle étendues à l'ensemble du vivant : un écopouvoir[4]. Et cela suppose une discipline des personnes chargées de collecter les données, de les saisir, de les valider et de les analyser. Mais il faut penser, simultanément, aux tactiques de Michel de Certeau[5] : à tout réseau de microdisciplines qui pénètre un tissu social répondent des arts de faire, des pratiques inventées par ceux-là mêmes que la microphysique du pouvoir veut surveiller et contrôler. Or les êtres vivants montrent une faculté toute particulière et parfois proprement sidérante (et réjouissante) à échapper aux dispositifs de suivi, par des dérobades, des tours de passe-passe, des astuces, des ruses. Les personnes impliquées dans le suivi du vivant peuvent elles aussi s'affranchir des règles, par exemple en ne communiquant pas leurs données, en choisissant les milieux et les espèces qu'elles suivent en fonction de leurs propres préférences, bref en introduisant du jeu dans les micropolitiques de la biodiversité.

---

[2] Deleuze, Gilles and Félix Guattari. 1980. *Mille Plateaux*. Paris : Éd. de Minuit.

[3] Foucault, Michel. 1975. *Surveiller et punir. Naissance de la prison*. Paris : Gallimard.

[4] Lascoumes, Pierre. 1994. *L'éco-pouvoir. Environnements et politiques*. Paris : La Découverte.

[5] De Certeau, Michel. 1980. *L'invention du quotidien, t. I : Arts de faire*. Paris : Folio essais.

Questions de méthode. Entre les politiques institutionnelles de la biodiversité et les micropolitiques de la biodiversité, il n'y a pas de solution de continuité mais des circulations et des porosités, dans les deux sens. Il n'empêche que les méthodes d'investigation des unes et des autres ne peuvent être les mêmes. Chaque institution de la biodiversité est dotée d'un siège, d'instances (comme le conseil scientifique et le comité d'orientation stratégique de la FRB, le panel d'experts multidisciplinaire de l'IPBES, etc.), d'un programme de travail et de rapports d'activité. Le chercheur en sciences sociales peut donc assez facilement identifier des moments et des lieux où observer l'élaboration des politiques de la biodiversité, telle qu'elle se joue dans les institutions qui lui sont dédiées. Rien de tel avec les micropolitiques de la biodiversité : là, point de siège, point d'instance officielle, point d'agenda, point de programme. Éminemment diffuses, les micropolitiques de la biodiversité impliquent en outre une très grande et croissante diversité d'acteurs : professionnels de la gestion et de la conservation de la nature, chercheurs, naturalistes amateurs, agriculteurs, chasseurs, etc. Il est donc exclu d'en faire le tour et, puisqu'elles n'ont pas de point fixe ni de calendrier, il faut pour les appréhender suivre des itinéraires buissonniers, en sachant repérer les occasions de les saisir en situation, au moment et là où elles adviennent. C'est un tel itinéraire qu'a parcouru Céline Granjou et qu'elle retrace pour nous.

Questions de focus. Les micropolitiques de la biodiversité sont faites d'attachements entre vivants, d'engagements physiques, affectifs et éthiques. Elles sont faites, aussi, de science et d'expertise. C'est avant tout la grande place du recours à la science et à l'expertise dans les micropolitiques de la biodiversité qui intéresse Céline Granjou et qu'elle nous donne à voir. Derrière les pratiques contemporaines de gestion et de préservation de la biodiversité, on découvre alors l'existence de questions de recherche et de techniques de pointe. L'estimation du nombre de loups en France ? Il s'appuie sur de la génétique moléculaire, de la bioinformatique, des biostatistiques. Connaître et préserver la biodiversité suppose des bases de données et des « centres de calcul »[6], un raffinement des théories et des modèles, une diversification et une sophistication accrues des techniques. En s'appuyant sur un ensemble d'enquêtes de terrain, Céline Granjou montre le mouvement puissant de scientifisation de la protection de la nature induit par l'avènement de la notion de biodiversité.

L'essor actuel de l'Evidence-Based Conservation, déjà marqué au Royaume-Uni mais qui commence à être perceptible en France, confirme et accentue ce mouvement de scientifisation. Un article paru en

[6] Latour, Bruno. 1989. *La science en action*. Paris : La Découverte.

2004 dans une influente revue d'écologie appelait à une révolution radicale de la conservation de la nature en prenant pour modèle l'Evidence-Based Medicine[7]. Depuis, une revue spécialisée, intitulée *Conservation Evidence*, a été lancée. Comme dans le cas de l'EBM, il s'agit de rompre avec des opinions considérées comme subjectives et des observations qualifiées d'anecdotiques pour fonder les décisions en matière de préservation de la biodiversité sur des données statistiquement robustes, sur des « preuves ». L'idée de s'inspirer de l'EBM pour moderniser et rationaliser les actions de préservation de la biodiversité soulève bien des interrogations. Le domaine de la préservation de la biodiversité et le domaine médical présentent en effet des différences marquées. Le premier se caractérise par une pluralité des formes de connaissance et d'expertise engagées bien plus grande que le second. En outre, il paraît difficile de transposer aux questions de préservation de la biodiversité le principe des essais thérapeutiques contrôlés, randomisés et en double aveugle et donc d'imposer un *gold standard* équivalent à celui qui prévaut dans l'EBM : comment, par exemple, pratiquer des observations et des expérimentations de préservation de la biodiversité en double-aveugle ? Il se pourrait que les biologistes de la conservation se donnent là un modèle impossible à atteindre pour, simplement peut-être, tenter de s'en rapprocher. Quoi qu'il en soit, l'enjeu est important, tant en termes de connaissances et d'actions produites qu'en termes de modèles d'organisation de l'action. Dodier et Barbot[8] ont souligné les tensions épistémiques qui ont accompagné la mise en place de l'EBM dans le traitement de l'épidémie de Sida : les promoteurs d'essais thérapeutiques contrôlés stricts, organisés de manière hiérarchique et centralisée, se sont fortement opposés aux promoteurs d'essais thérapeutiques plus souples, organisés de manière plus distribuée et égalitaire. Ces tensions se sont progressivement apaisées avec l'apparition de nouveaux médicaments et l'invention de compromis. On ne peut anticiper les débats épistémiques que le projet de l'evidence-based conservation ne manquera pas, lui aussi, d'ouvrir. Ce qui est sûr, c'est que l'émergence de l'evidence-based conservation pointe le fait que la préservation de la biodiversité est devenue un des principaux lieux où se renégocie aujourd'hui la place de la science et de la nature dans la société et la nature des rapports entre science et société.

---

7 Sutherland, William J., Andrew S. Pullin, Paul M. Dolman and Teri M. Knight. 2004. « The need for evidence-based conservation » *TRENDS in Ecology and Evolution* 19 (6) : 305-308.

8 Dodier, Nicolas et Jacqueline Barbot. 2000. « Le temps des tensions épistémiques. Le développement des essais thérapeutiques dans le cadre du sida » *Revue française de sociologie* 41 (1) : 79-118.

De son parcours dans les micropolitiques de la biodiversité, Céline Granjou conclut à l'existence d'un puissant mouvement de scientifisation et de « technoécologisation », fruit de la rencontre entre le processus d'écologisation des pratiques d'exploitation de la nature et le processus de technicisation des pratiques de protection de la nature. Mais elle montre aussi que ce mouvement ne se traduit pas par l'imposition d'une norme générale. L'ensemble des enquêtes empiriques menées ces dernières années suggère effectivement plutôt l'ouverture d'une multitude de « zones frontières » dans des contextes variés et hétérogènes. Dans ces zones frontières, un très grand nombre d'acteurs apprennent avec plus ou moins de bonheur à gérer, ensemble, la biodiversité, en expérimentant, en bricolant et en hybridant leurs savoirs et savoir-faire. Leur vécu de ces expériences se caractérise par des satisfactions, notamment celle de ne pas se contenter des solutions existantes, mais aussi par des hésitations et un inconfort identitaires, liés à l'acuité particulière avec laquelle se posent les questions de reconnaissance, de confiance et de relations de pouvoir entre des personnes issues de mondes sociaux différents. Céline Granjou cerne la productivité sociale et technique de ces espaces où ceux qui affirment vouloir préserver la biodiversité composent de nouvelles manières de faire société avec les êtres vivants et entre eux. Tout en dégageant de grandes tendances comme la technoécologisation et la scientifisation de la préservation de la biodiversité, elle propose une vision kaléidoscopique et nuancée des micropolitiques de la biodiversité, attentive à la diversité et la singularité des situations.

Isabelle Mauz

Introduction

Micropolitiques de la nature

L'affirmation de l'idée de protection de la nature est souvent pensée comme une réaction aux développements techniques et scientifiques : cela est vrai sans doute du développement de la sensibilité romantique en marge des progrès de l'exploitation des ressources et des espaces naturels au 18e et 19e siècle ; cela est vrai aussi de la montée plus récente du souci pour l'environnement, liée à la généralisation de la critique du productivisme et d'une certaine forme d'expertise. Pourtant ce grand récit opposant Nature et Technique ne correspond plus aux formes actuelles de la protection de la nature au tournant du 21e siècle. Ce livre défend l'idée que la protection de la nature, en se réarticulant depuis vingt ans autour de la notion de biodiversité, ne s'ancre plus dans une critique des sciences et des techniques mais puise bel et bien dans un répertoire de pensée et d'action essentiellement expert et gestionnaire.

On rappelle en effet rarement que le fonctionnement des parcs et des réserves renvoie à l'utilisation de techniques et de métrologies visant à dénombrer et gérer les espèces et les écosystèmes ; que la chasse est aujourd'hui une activité prétendant à la gestion rationnelle et savante de la faune sauvage ; que les professionnels de la nature travaillent en lien bien plus étroit qu'on ne l'imagine avec les équipes et les laboratoires des nouvelles sciences de la biodiversité. La protection de la nature ne repose pas sur la seule proximité immédiate aux êtres de nature : elle est aussi affaire de professionnels et d'experts qui développent des savoirs et des techniques au sein de corps de métiers spécifiques en lien avec des équipes et des laboratoires de recherche. Ce livre s'attache à mettre en lumière le travail de ces professionnels de la nature. Que signifie se donner la nature pour métier ? Quelles sont les pratiques, les cultures professionnelles, les expériences et les tensions propres au travail quotidien des professionnels de la nature ? Ceux-ci doivent en effet s'accommoder des paradoxes du déploiement d'une gestion experte dans un secteur d'activités, la protection de la nature, qui reste valorisé avant tout pour la passion qu'il suscite et l'engagement qui l'accompagne.

La promulgation de la Directive Habitats en 1992 a largement contribué à mettre la biodiversité à l'agenda dans les différents pays de l'Union européenne. Vingt ans après, ce livre s'inscrit dans une interrogation sur les effets de ce recadrage important de la protection de la nature, lié à l'introduction et au succès de la notion de biodiversité. Loin d'un regard focalisé sur les évolutions du ministère de l'Écologie, il propose plutôt de caractériser les dynamiques d'écologisation qui accompagnent la circulation de la notion de biodiversité dans une diversité de configurations d'action locales. Il s'agit bien sûr de montrer que la biodiversité s'accompagne d'une nouvelle norme de gestion experte qui tend à s'imposer à de très nombreux acteurs, activités et institutions, mais il s'agit en même temps de souligner les déclinaisons et les limites de cette norme dans les configurations territoriales : la biodiversité ne s'accompagne pas du déploiement d'une nouvelle politique écocratique unilatérale, mais plutôt du déploiement d'une pluralité de micropolitiques où se jouent la construction de savoirs et de références techniques pour la gestion de la biodiversité en même temps que la (re)définition des identités et des positionnements des acteurs.

En suivant le déploiement des micropolitiques de la biodiversité, le propos de cet ouvrage s'inscrit aussi en porte à faux avec l'association souvent faite des questions de protection de l'environnement avec la montée des politiques participatives ou consultatives. Une littérature fournie analyse, à juste titre, l'extension des dispositifs participatifs et consultatifs sur les questions d'environnement, appelant à un rééquilibrage des jeux de pouvoir au profit des profanes, des riverains, ou des amateurs à côté des experts officiels[1]. Si l'on ne peut qu'acquiescer à un tel programme, décrire la montée d'un impératif participatif et délibératif ne suffit pas pourtant à rendre compte de la réalité contemporaine de la protection de la nature. La gestion de la biodiversité s'ancre en effet aussi dans l'extension d'un impératif scientifique. Elle est liée à un

---

1 Citons ici pour mémoire, et en dépit de l'inévitable simplification que ne manque pas de produire un tel rapprochement : Rémy E., 1995 ; Rémy J., 1995 ; Szerzynski, Lash and Wynne, 1996 ; Jasanoff, 1990 ; Fischer, 2000 ; Callon, Lascoumes et Barthe, 2001 ; Pinton, 2001 ; Alphandéry et Fortier, 2001 ; Joly *et al.*, 2003 ; Bocking, 2004… Ces travaux sont bien sûr loin de se réduire à un appel à la participation ou à la réforme en matière d'action environnementale ; ils offrent de précieux éléments d'analyse de la production et la circulation de nouveaux types de savoirs ou de techniques en matière de protection et de gestion de la nature entre différentes catégories d'experts et de spécialistes. D'autres pointent ce que la dimension « procédurale » des politiques environnementales, qui fonctionnent par incitation et sensibilisation plutôt qu'en légiférant et en sanctionnant, doit aussi à la faiblesse des moyens dont disposent les institutions de prise en charge de l'environnement notamment en France (Lascoumes et le Bourhis, 1997 et 1998). À rebours, ou en parallèle, de l'appel à la participation dans le domaine environnemental, d'autres auteurs, plus marginaux, ont pris le parti d'interroger la compatibilité entre un impératif délibératif ou participatif et l'efficacité écologique des mesures et des dispositifs politiques (Mermet *et al.*, 2005 ; Salles, 2006).

recours sans précédent à la connaissance naturaliste, puisqu'il s'agit de connaître le plus grand nombre possible – idéalement la totalité – des êtres vivants. C'est même une extension de la catégorie même de connaissance exigée pour l'action de protection qui se trouve à l'œuvre puisqu'il s'agit d'un vaste programme de connaissance visant à saisir les interactions entre les êtres de nature et les activités humaines afin de gérer au mieux l'ensemble de leurs relations et de leurs performances. On comprend dès lors que l'on assiste à la constitution de nouveaux instruments et dispositifs techniques, de nouveaux corps de savoir et de métiers, et de nouveaux espaces d'expérimentation et de coproduction de savoirs et de pratiques liés aux sciences de la biodiversité.

Ainsi, si les activités et les structures dédiées à la protection de la nature peuvent sembler de prime abord fort éloignées de la technique et de la bureaucratie, elles en sont pourtant profondément imprégnées et irriguées, au point de constituer un des secteurs importants de notre société technicienne. C'est cette thèse que ce livre entend défendre en proposant au lecteur un itinéraire au sein des micropolitiques de la biodiversité.

Zones frontières

La mise à l'agenda de la notion de biodiversité n'est pas récente. Dès les années 1980, cette notion a été mise en avant aux États-Unis par des scientifiques militants soucieux de promouvoir une prise en charge du vivant sauvage fondée sur l'expertise écologique (Takacs, 1996). Avec un certain succès, puisque la Convention sur la Diversité Biologique a été rédigée en 1992, et la Directive européenne Habitats a introduit des innovations substantielles dans la manière de protéger la nature, en centrant celle-ci non plus sur des espaces clos sanctuarisés mais sur un réseau de sites (les sites Natura 2000) sur lesquels exploitants et usagers sont invités à adapter leurs pratiques en fonction des enjeux de conservation de la biodiversité. Il ne s'agit pourtant pas de l'imposition unilatérale d'une nouvelle norme écologique : le succès de l'idée de biodiversité a même parfois été associé à un mouvement de « dé-biologisation » de la protection de la nature où une diversité d'acteurs, bien au-delà des seuls écologues et biologistes, serait désormais amenée à négocier les formes de prise en charge de la « nature ordinaire »[2].

Les situations locales dont il sera question dans cet ouvrage restent particulièrement diverses, loin de l'avènement d'un paradigme pacifié de gestion savante de la biodiversité où les conflits traditionnels entre

---

[2] Voir par exemple, et bien que cette liste néglige les différences et apports spécifiques de chacun de ces importants travaux : Larrère, et Larrère, 1997 ; Mougenot, 2003 ; Raffin, J.-P., 2005 ; Pinton, Alphandéry, Billaud, Deverre, et Fortier ; Blandin, 2009.

« protecteurs » militants et « exploitants » de la nature s'effaceraient au profit d'un consensus sur le savoir scientifique et les pratiques de bonne gestion de la nature. D'une part, on va le voir, certaines situations continuent de relever du conflit ou de la fermeture sur elles-mêmes et d'autre part, les configurations où la gestion de la biodiversité semble triompher sont diverses, contextuelles, parfois précaires et temporaires ou au contraire, pour certaines, relativement anciennes. On n'assiste pas au déploiement d'une politique gestionnaire de la nature sous la houlette de nouveaux experts incontestables. Mais on n'assiste pas non plus à une coexistence pacifiée où protecteurs et exploitants géreraient ensemble et sans heurt la biodiversité. Ce livre défend l'idée que l'on assiste plutôt au déploiement de micropolitiques où se joue la (re)-définition des savoirs sur le vivant sauvage en même temps que des identités et des relations des protecteurs et des exploitants[3]. Ainsi, si la protection de la nature se concrétise aujourd'hui comme une entreprise de maîtrise technique et de gestion experte, ce n'est pas en vertu de l'imposition systématique d'un nouveau corpus de savoirs écologiques, mais bien au travers d'une multiplicité et d'une diversité de zones frontières de dialogue et de négociation entre des acteurs (environnementalistes *versus* agriculteurs), des logiques d'action (protection *versus* exploitation) et des types de nature (domestique *versus* sauvage) que tout continue bien souvent de séparer.

La notion de zone frontière (*border zone*) est empruntée à la géographie culturelle (Kohler, 2002). Comme d'autres notions issues des *science studies*[4], l'idée de zone frontière souligne le fait qu'une frontière ne permet pas simplement à deux mondes de se démarquer mais aussi de se côtoyer et de se rencontrer. Cette notion entend pointer l'existence de formes d'échange et de coordination locales qui se dégagent sur un fond où deux univers de valeurs et de pratiques distincts – deux « mondes » – continuent de prévaloir[5]. Pour Kohler, les zones frontières sont « non pas des endroits où le mouvement cesse mais où il est le plus intense et le plus structurant » (Kohler, 2002, p. 16). Kohler analyse les rapports

---

[3] Yi Junqing définit la micropolitique comme ce qui « s'intéresse aux structures de pouvoir à petite échelle, disséminées, ainsi qu'aux mécanismes de contrôle inhérents aux activités sociales et à la vie quotidienne » (Junqing, 2009).

[4] Par exemple : « *boundary work* » : Gieryn, 1983 ; « *boundary object* » : Star and Griesemer, 1989 ; « *trading zone* » : Galison, 1996 ; « *boundary organization* » : Guston, 2001 ; voir aussi Granjou et Mauz, 2012

[5] Si la notion de « monde de l'environnement » ou de « monde de l'agriculture » empruntée à Strauss (1992) est commode pour désigner des ensembles d'acteurs, de pratiques et d'institutions qui ont chacun leur propre cohérence sans posséder toutefois de frontière claire ni d'organisation formelle, il conviendrait plutôt de reprendre le terme d'« archipels » (Hervieu, 2005) dans la mesure où ces mondes eux-mêmes sont bien loin d'être monolithiques.

entre le développement de la biologie de terrain et ceux de la biologie de laboratoire au tournant du 20e siècle. Il montre que, par-delà l'existence d'une dissymétrie de statut entre ces deux types de sciences, elles ont connu d'incessants échanges et circulations de part et d'autre de la frontière les séparant : des individus appartenant à l'un ou à l'autre des mondes n'ont eu de cesse d'emprunter des pratiques, des instruments ou des idéaux relevant de l'autre monde pour les transporter, les expérimenter ou les adapter dans le leur. Se sont ainsi créées autant de zones frontières caractérisées par des formes d'action qui ne relèvent plus seulement ni de la science de terrain ni de la science de laboratoire – sans pour autant que l'une et l'autre n'abandonnent leurs postures propres et leurs programmes bien spécifiques.

Il est certes relativement aisé de penser la biodiversité comme un objet frontière, permettant à des univers différents de dialoguer et de se coordonner tout en conservant chacun leurs objectifs et valeurs propres (la rentabilité et la technique pour les exploitants, la protection dans ses diverses acceptions pour les protecteurs, la production de connaissances pour les chercheurs, etc.). En recourant à la notion de zone frontière, il s'agit de souligner l'existence de figures d'échange et de coordination entre des mondes qui conservent leur spécificité, tout en conduisant une analyse qui ne soit pas monolithique ni globale mais se diffracte en fonction des contextes et des spécificités des configurations d'action collective étudiées. Il s'agit notamment d'ancrer les analyses dans leur « paysage » sociologique, leur contexte géographique, territorial, historique et institutionnel à chaque fois spécifique. Plutôt que de donner à penser que la biodiversité agirait systématiquement et automatiquement comme un opérateur de coordination et une incitation à la cogestion négociée, il s'agit de saisir les contextes et les spécificités de chaque situation, ainsi que les limites et les tensions des figures de cogestion de la biodiversité. Plutôt qu'un effacement global des frontières entre les mondes (entre professionnels et amateurs, chercheurs et profanes, environnementalistes et exploitants, domestique et sauvage...), ce livre brosse un paysage social et institutionnel marqué par une frontière mouvante qui s'ouvre en un certain nombre de zones frontières plastiques et diverses. Il s'agit alors de caractériser les formes d'expérimentation qui se jouent dans ces zones frontières, en saisissant la manière dont s'y construisent à la fois des techniques, des savoirs, mais aussi des identités et des trajectoires professionnelles visant à une meilleure gestion collective de la biodiversité.

À la suite notamment des travaux de Bruno Latour, il est devenu courant, au-delà même du cercle restreint de la communauté académique des sciences sociales, de rappeler que la protection de l'environnement exige une réforme de notre pensée qui permettrait de dépasser le

« Grand Partage » entre nature et culture, ces deux catégories dont la trompeuse opposition a bercé notre société occidentale contemporaine[6]. Sans renier cette analyse, ce livre adopte cependant une posture quelque peu décalée, moins séduisante sans doute et probablement plus laborieuse : plutôt qu'appeler à une réforme idéologique et culturelle globale, il s'efforce de cerner la créativité effective des zones frontières existantes et de saisir à chaque fois les conditions, les effets et les limites des figures de cogestion qui s'y développent. Ce livre entend valoriser, sans indulgence non plus, la productivité sociale et politique de ces expérimentations locales où se jouent l'invention de nouveaux accords et standards d'action mais aussi la fabrication d'une « diversité de natures » (Descola, 2005 et 2010) plus ou moins équipées, fréquentées, étudiées et socialisées.

Professionnels de la nature

Ce livre s'ancre sur les témoignages et les expériences vécues d'une diversité d'acteurs qui ont en commun de se donner, d'une manière ou d'une autre, la nature pour métier. Entre 2005 et 2010 ce sont quelque cent cinquante entretiens avec des professionnels de la nature – gestionnaires d'espaces, acteurs administratifs, salariés d'associations, chercheurs – qui ont été réalisés, accompagnés de séances d'observation de ces professionnels en action[7]. Il s'agissait, dans la tradition wébérienne, de retracer l'élaboration de significations, de justifications et de perspectives partagées qui accompagnent les pratiques professionnelles de la nature et leur donnent sens. Mais il s'agissait aussi dans ces enquêtes d'observer le rôle souvent négligé en sciences sociales des objets et des dispositifs techniques : cartes de zonage Natura 2000, pièges à marmottes, fiches de traçabilité, procédures de comptage de la faune sau-

---

6 Voir par exemple l'intervention de Patrick Degeorges et Bruno Latour à la conférence française pour la biodiversité « Quelle gouvernance pour réussir ensemble ? », Chamonix, 10-12 mai 2010 (« Pour en finir avec l'idée de nature : parlons biodiversité » : « la notion de biodiversité rompt le face-à-face simplificateur de l'homme avec la nature. Le fait même de diagnostiquer une crise de la biodiversité rend explicite qu'il n'est plus possible de penser la nature "en-dehors" de la société pas plus que les actions de l'homme se déroulant "hors nature" »).

7 Il est à noter que plusieurs des enquêtes qui fournissent le matériau de ce livre ont été menées dans le cadre de conventions avec des gestionnaires d'espaces protégés au niveau local (parc national, association gestionnaire de réserves naturelles…) ou national (ministère chargé des questions de protection de la nature). Bien souvent, le « terrain » étudié était donc en même temps le premier destinataire des résultats du sociologue, donnant lieu au développement d'une posture pas toujours évidente à tenir pour le sociologue cherchant à allier posture de production de connaissances académiques et posture d'aide à la gestion.

vage... ainsi que les lieux – et leurs conditions d'accès –, les animaux – ou leurs traces –, les plantes, les paysages...

En s'intéressant aux environnements matériels de l'action, on constate que la nature, loin d'être simplement le théâtre ou le cadre figé de la transformation des pratiques et des institutions humaines, se trouve elle-même équipée, étudiée, investie et transformée par les divers dispositifs techniques, les pratiques professionnelles et les diverses fréquentations en cause. Sans prétendre rendre compte des transformations de la nature au même titre que celles qui affectent les engagements et les entreprises des humains qui s'y intéressent, cet ouvrage montre que c'est une pluralité de « natures » qui se (re)configurent au cours des processus étudiés. Il s'inscrit ainsi dans une approche symétrique modérée des humains et des non-humains[8] : il s'agit d'une approche symétrique sur le plan épistémologique et méthodologique et non sur le plan ontologique qui poserait qu'il n'y a pas *a priori* de différences ontologiques entre les êtres étudiés par le sociologue. Il s'agit de considérer la manière dont les non-humains apportent leurs propres formes d'orientation et de résistance, contribuent à produire de l'imprévu ainsi qu'à façonner les collectifs dans lesquels ils s'insèrent, et donc de les traiter comme des éléments constitutifs de la construction des pratiques, des connaissances, des identités et *in fine* des institutions et des cultures. Car l'importance singulière accordée par le sociologue à l'énonciation et au langage reste difficilement compatible avec une pratique systématique du principe de symétrie, y compris sur un plan épistémologique et méthodologique : si l'on peut observer la manière dont la table (sa taille, sa disposition, sa couleur...) contribue à façonner les interactions des personnes lors d'une réunion, reste que ce type de contribution n'est pas identique à celles des personnes réunies pour discuter autour de la table.

Or la nécessité de prendre en compte le rôle des objets techniques a été soulignée depuis les années 1980 et 1990 au point de parler d'une « sociologie des objets »[9]. Ces travaux sur le rôle des objets techniques démontrent que l'action ne peut pas être rapportée aux seuls humains mais doit être considérée comme distribuée entre les humains et leurs environnements matériels. Ils soulignent que les objets ne sont pas une pâte malléable dans la main des humains, transmetteurs et reflets fidèles d'informations ou d'intentions, et que le passage par la matérialité ne traduit jamais fidèlement l'intention initiale : elle est porteuse de débor-

---

8 Sur l'approche symétrique des humains et des non-humains en sociologie voir notamment : Callon, 1986 ; Latour, 1994 ; Callon and Law, 1997 ; Barbier et Trépos, 2007.

9 Voir : Callon, 1986 ; Thévenot, 1993 ; Latour, 1994 ; Jeantet *et al.*, 1996 ; Vinck, 1999a et b, 2009 ; l'expression « sociologie des objets est empruntée à Barbier et Trepos, 2007.

dements imprévus (Jeantet *et al.*, 1996). Les objets constituent une entrée pertinente pour l'enquête sociologique en tant que marqueurs des processus de l'action et de l'innovation collective (Vinck, 2009). Mais, étrangement, ces travaux se concentrent sur l'exemple des objets techniques, c'est-à-dire d'objets conçus et fabriqués par l'homme, et ne s'intéressent guère au type particulier de non-humains que constituent les êtres vivants comme les animaux et les plantes[10]. Or même si les animaux et les plantes sont souvent suivis et équipés de manière à ce qu'ils répondent au moins en partie à des objectifs humains (c'est clair chez les animaux domestiques, mais c'est le cas aussi de plus en plus chez les animaux sauvages), il reste clair qu'ils interviennent dans la production des pratiques et qu'ils contribuent à faire évoluer les collectifs d'une manière différente des objets. En particulier, ils sont porteurs de figures spécifiques d'échappement et d'ouverture à l'imprévu et s'accompagnent d'une diversité de formes d'engagement entre humains et non-humains (sur les plans émotionnels, affectifs, éthiques...)[11]. On le verra : les loups se déplacent et échappent aux dispositifs de surveillance, les marmottes se reproduisent au détriment du bon état des prés de fauche et malgré les mesures prises par les agents du parc national, les vaches broutent à leur guise sans se soucier des connaissances nutritionnistes des zootechniciens, les broussailles poussent et prolifèrent là où elles ne sont pas toujours souhaitées ; enfin, les hommes entretiennent des relations affectives avec « leurs » animaux, fussent-ils aussi furtifs et invisibles que les loups... Cette entrée par le vécu des professionnels de la nature s'est donc aussi accompagnée d'une attention à la contribution spécifique de certains non-humains : les plantes et les animaux qui sont les êtres observés, étudiés, gérés, et plus largement fréquentés par ceux qui ont la nature pour métier.

De la contraception des marmottes aux nouveaux défis des sciences de l'environnement

Mais trêve de développements épistémologiques. Venons-en au contenu de cet ouvrage.

Cet ouvrage ne se focalise pas sur un cas d'étude unique, correspondant à un problème et à une population sociologique bien délimités. Il

[10] Le cas des virus, des bactéries ou des microbes doit sans doute être mis à part (cf. Latour, 1984).

[11] Certains travaux récents sur la gestion de la faune sauvage (Lorimer, 2008 ; Peltola and Kauppila, 2009 ; Mounet *et al.*, 2010) suggèrent combien la prise en compte de la contribution de l'animal permet d'appréhender les pratiques gestionnaires comme des performances accomplies par des êtres incarnés, mettant leur corps et leurs sens en jeu, éprouvant des émotions et exprimant – pour les hommes – des positions morales situées. Voir également : Mauz, 2005a ; Mounet, 2007.

progresse au contraire par déplacements et digressions successifs d'une configuration de gestion de la nature à une autre, selon des lieux, des types de problèmes et des acteurs variés. Si le contexte montagnard alpin y est très présent, il ne constitue pas l'objet de l'analyse. Ce sont bien d'abord des micropolitiques de la biodiversité et de leurs acteurs qu'il est question : agents des parcs naturels (nationaux ou régionaux), salariés de l'Onf (Office national des forêts), de l'Oncfs (Office national de la chasse et de la faune sauvage), de conservatoires, de Diren (Directions régionales de l'environnement, aujourd'hui devenues Dreal), membres d'associations de protection de l'environnement, mais aussi salariés de fédérations de chasse ou de pêche, techniciens agricoles, agriculteurs, chercheurs... Car une des caractéristiques de la réflexion proposée ici est bien justement de ne pas définir *a priori* les limites de ce qui constituerait la protection de la nature, ses institutions et ses acteurs, mais plutôt de suivre la ramification et la diffusion de la préoccupation de gestion de la nature au sein d'organismes et d'activités variés[12]. Il s'agit de suivre le déploiement de micropolitiques de la biodiversité dans des contextes variés et hétérogènes.

Les enquêteurs[13] se sont déplacés dans des lieux très divers – entre alpages et bureaux – pour rencontrer des acteurs aux trajectoires et aux engagements variés, et observer des animaux, des plantes, des pratiques, des interactions et des situations de travail diversifiés. C'est donc à un voyage à travers des paysages sociologiques diversifiés que le lecteur est invité, bien plus qu'au suivi d'une démonstration qui circulerait rigoureusement et linéairement des prémisses à la conclusion. Le lecteur est invité à un cheminement qui ne s'interdit ni détours pour mieux illustrer une idée, ni retours éventuels sur des contextes et des acteurs déjà présentés, mais abordés sous un nouvel aspect.

Le travail s'ouvre par l'analyse détaillée de deux exemples : une expérimentation de contraception de marmottes dans un parc national, et le dispositif national officiel d'estimation du nombre de loups sur le territoire français. Ces deux exemples offrent un premier aperçu de la constitution et du fonctionnement de zones frontières de gestion de la biodiversité, où circulent et échangent protecteurs, gestionnaires de la nature, exploitants agricoles et chercheurs. Ils témoignent de la mise en œuvre de nouvelles techniques au service de la gestion de la biodiversité, et notamment de l'extension d'un projet de traçabilité de la faune sauvage avec sa dimension de contrôle écologique.

---

[12] Je suis en cela l'approche pragmatique de l'institution comme tissu social proposée par Virginie Tournay (Tournay, 2009).

[13] Les travaux ont été menés en collaboration avec ma collègue Isabelle Mauz.

La deuxième partie se focalise sur les gestionnaires de la nature ainsi que sur les mouvements de technicisation, de bureaucratisation et de professionnalisation de leurs activités. Elle brosse un panorama de la diversité des institutions intervenant désormais dans la gestion de la biodiversité et des effets de l'impératif scientifique qui s'y exprime. Cette partie s'arrête enfin sur le récit détaillé de trois expériences de cogestion de la végétation d'alpages mettant en jeu des gestionnaires de parcs, des agriculteurs et des chercheurs, pour mieux expliciter les tensions et la précarité propres aux zones frontières de gestion de la nature.

La dernière partie se focalise sur les liens inattendus mais de plus en plus nombreux entre les gestionnaires d'espaces et les acteurs et les laboratoires de recherche académique en sciences de l'environnement. Elle s'intéresse aux conditions des collaborations entre chercheurs et gestionnaires à partir de l'exemple de la Zone Atelier Alpes. Elle s'intéresse enfin plus globalement au déploiement des nouvelles sciences de la biodiversité et à leur rapport à l'action et à la gestion, en analysant les trajectoires et les engagements de ces professionnels particuliers de la nature que sont les chercheurs sur la biodiversité.

PREMIÈRE PARTIE

TECHNIQUES DE GESTION DE LA BIODIVERSITÉ

DE LA CONTRACEPTION À LA TRAÇABILITÉ

Cette partie présente deux configurations concrètes de gestion de la biodiversité : une expérimentation de contraception de marmottes dans un parc national, et le dispositif de suivi scientifique de la population de loups sur le territoire français. Pourquoi débuter avec ces deux exemples ? Ils ont en commun d'illustrer l'expérimentation par les gestionnaires de la nature de techniques peu communes et relativement sophistiquées de suivi et de régulation de la faune sauvage : pour réguler les marmottes, les gestionnaires s'appuient sur une méthode de contraception testée sur un petit secteur du territoire d'un parc, tandis que pour dénombrer les loups, ils ont recours à une organisation méthodique faisant se succéder analyses génétiques, calculs probabilistes et biostatistiques. Ces techniques ne visent plus à zoner l'espace en en réservant une partie pour la nature et une partie pour les hommes, mais au contraire à concilier l'existence des animaux sauvages (loups, marmottes) avec les activités humaines, notamment agricoles, sur l'ensemble du territoire national pour le dispositif de dénombrement des loups, sur une portion spécifique du territoire du parc national pour l'expérimentation de marmottes. Il s'agit donc de deux exemples qui, bien que situés à des échelles géographiques différentes, illustrent la montée d'un répertoire de gestion experte de la nature et les enjeux de pouvoir sur le vivant qui lui sont associés. Ces exemples ont en effet en commun de relever d'une authentique entreprise de traçabilité de la faune sauvage, dans la mesure où l'objectif n'est pas de cantonner les animaux sauvages en un lieu donné duquel les hommes sont exclus, mais de permettre leur existence et leurs déplacements dans un monde ouvert, qui est le monde habité par les hommes. Contraception et traçabilité ne forment donc pas simplement une nouvelle « boîte à outils » technologique dans laquelle les protecteurs puiseraient pour accomplir une mission immuable. Le déploiement de ces techniques s'accompagne d'une triple redéfinition : de l'action de protection en direction d'un modèle de gestion experte ; du type de nature en jeu vers une nature où les différences entre sauvage et domestique, naturel et artificiel tendent à s'amenuiser ; enfin du paysage social de la protection, qui ne peut plus se lire simplement en termes de clivage entre protecteurs et exploitants et se réorganise autour d'une controverse entre partisans et détracteurs du modèle de gestion experte de la nature.

La contraception des marmottes et le suivi de la population de loups illustrent en effet le dialogue et la confrontation entre la montée du nouveau répertoire de gestion experte de la nature et d'autres répertoires de pensée et d'action autour de la nature, comme celui de l'exploitation agricole ou encore la permanence d'une conception de la protection en termes de sanctuarisation et de ségrégation de la nature sauvage et des pratiques humaines. Les animaux sauvages circulent pourrait-on dire en monde « entr'ouvert » dans lequel les frontières entre sauvage et domestique, naturel et artificiel sont en réalité loin d'avoir entièrement disparu – c'est d'ailleurs très clair dans le cas de la contraception des marmottes, qui se déroule à l'intérieur des frontières d'un parc national. Je ne cesserai de le souligner : le modèle de gestion experte de la nature ne s'impose pas de manière systématique et déterministe, mais se juxtapose et cohabite avec d'autres rapports à la nature, avec lesquels il dialogue et se confronte, et parfois s'hybride. Contraception de marmottes et suivi des loups permettent ainsi d'entrer dans le détail des micropolitiques de la biodiversité autour d'une nature qui n'a jamais été autant fréquentée, suivie et étudiée[1].

[1] Voir aussi : Mauz et Granjou, 2008, 2010 et Granjou et Mauz, 2009a et b.

CHAPITRE 1

Réguler les marmottes et dénombrer les loups

1.1. Une opération de contraception de marmottes

L'opération de contraception de marmottes menée par un parc national alpin sur son territoire – le parc des Écrins – est certes restée discrète voire minuscule au regard des grands débats qui traversent l'actualité depuis près de quinze ans concernant les grands prédateurs, ours et loups notamment : une trentaine de marmottes étaient concernées sur quelques hectares de terrain. Pourtant, cette affaire semble révélatrice d'un certain nombre de changements à l'œuvre dans la façon de traiter la nature en général, et les animaux sauvages en particulier. Elle suggère la manière dont les professionnels de la nature peuvent recourir aux développements des sciences et des techniques au sein même d'un territoire souvent présenté comme un sanctuaire du « sauvage », un parc national[1].

L'utilisation de la contraception pour la faune sauvage peut paraître surprenante. Bien qu'elle reste en effet rare, notamment en France, elle n'est pas sans précédent et s'est même assez largement développée depuis les années 1980 dans certains pays anglo-saxons.

La contraception de la faune sauvage est née dans les zoos vers le milieu des années 1970 (Asa et Porton, 2005), où elle est à présent assez couramment employée afin de gérer la surabondance de certains animaux. La contraception des animaux sauvages en liberté s'est fortement appuyée sur l'expérience acquise dans le cas d'animaux sauvages en captivité. Elle s'est développée d'abord en Amérique du Nord (chevaux sauvages, cerfs occasionnant des dégâts et des collisions avec les véhicules) et en Afrique (éléphants). À chaque fois, elle séduit les gestionnaires parce qu'elle constitue une solution pour réguler sans tuer, notamment lorsque les méthodes de gestion traditionnelles comme la chasse peuvent difficilement être mises en œuvre parce que l'on a affaire à une espèce protégée ou que l'on se trouve dans un espace protégé ou dans des zones périurbaines, où la densité de l'habitat humain rend les tirs indésirables, voire dangereux. Elle est aujourd'hui utilisée dans plusieurs parcs et réserves d'Afrique du Sud, mais aussi en

1 Sur les projets, en partie conflictuels, à l'origine du concept français de parc national voir Mauz, 2005a et Selmi, 2006.

Australie et en Nouvelle-Zélande pour les espèces dites invasives. L'expérimentation menée par le parc national des Écrins, bien que singulière dans le contexte national, correspond à l'un des cas classiques de recours à la contraception dans les pays anglo-saxons : celui d'une population qui pose localement problème dans un espace protégé où le tir n'est pas autorisé.

Le plateau de Prapic (mars 2005)

Photo : C. Granjou

La zone concernée par l'expérimentation de contraception menée par le parc des Écrins est le plateau de Charnières, situé à 1 600 m d'altitude dans le cœur[2] du parc national et fauché par des agriculteurs. Le site est l'un des rares endroits plats des environs et relativement facile d'accès (une piste permet aux tracteurs d'y monter). Dans un contexte montagnard difficile, il constitue depuis toujours un des meilleurs terrains pour les agriculteurs de Prapic, qui y ont mené un travail assidu d'exploitation passant par l'épierrage, la lutte contre les mauvaises herbes… et contre les marmottes. Car les marmottes aussi apprécient le plateau, où elles trouvent notamment un sol facile à creuser et une flore riche et variée. Un problème de cohabitation s'y pose ainsi depuis

[2] Le « cœur » correspond à l'ancienne zone centrale du parc national (par opposition à la zone périphérique, devenue « aire d'adhésion ») depuis la réforme de 2006.

longtemps entre les agriculteurs exploitant le plateau et les marmottes qui y prospèrent. Or jusqu'en 1973, année de création du parc, les agriculteurs avaient exercé un contrôle sur la population de marmottes en recourant à diverses méthodes létales : tir, chiens dressés ou du moins encouragés à chasser les marmottes, piégeage. Les bergers en particulier les chassaient pour leur viande, leur peau et leur graisse, à laquelle des vertus thérapeutiques étaient attribuées. Présentant un intérêt certain pour les montagnards et pouvant être assez efficacement tenues à l'écart des terrains cultivés où leur présence devient gênante, les marmottes ont été sévèrement contrôlées, et leurs populations fortement réduites, mais elles n'ont pas été éradiquées contrairement à d'autres espèces sauvages, moins profitables et plus difficiles à contenir (prédateurs notamment).

Or le décret de création du parc prohibe les techniques traditionnellement utilisées, non que la marmotte devienne une espèce protégée, mais du fait de leur localisation dans le cœur du parc, où il est interdit d'exercer toute activité de chasse ou de prédation sur les animaux qui y vivent. À partir de la fin des années 1970, l'acquisition d'instruments mécaniques qui remplacent la fauche à la main rend par ailleurs la présence des marmottes plus problématique que par le passé pour les agriculteurs : en creusant leurs terriers et en grattant la surface du sol, celles-ci remontent des pierres qui émoussent voire brisent les lames des machines. À compter du milieu des années 1980 et jusqu'en 1991, les agents du parc mettent à leur tour en place un système de régulation de la population de marmottes, fondé sur des captures et des translocations en direction d'autres massifs (Chartreuse et Vercors notamment). De 1992 à la fin de la décennie, les chercheurs d'un laboratoire universitaire lyonnais se livrent à des études poussées de l'éthologie et de la génétique des marmottes sur le site et organisent plusieurs journées d'étude sur la marmotte alpine (Ramousse et Le Berre, 1999). Durant cette période, les captures se poursuivent dans une visée non plus de gestion mais d'acquisition de connaissances. Les recherches engagées permettent en particulier de préciser l'organisation sociale et territoriale des marmottes. Elles mettent en évidence que les territoires laissés vacants lors de translocations sont rapidement colonisés par des individus des versants du plateau qui ne sont plus repoussés par leurs congénères. L'efficacité des translocations est ainsi remise en cause. Les translocations se voient en outre reprocher de ne pas respecter les animaux, relâchés sans aucune garantie de survie, et de réclamer beaucoup de temps. La décision est prise de les abandonner dans le parc des Écrins. À la fin des années 1990, les études scientifiques sont également interrompues. Les agents du parc continuent toutefois de suivre la population au travers de comptages. C'est alors que le problème de la coexistence des agriculteurs et des marmottes prend une nouvelle signification.

À cette période, les directives européennes sur la protection de la biodiversité amènent en effet une nouvelle catégorisation du plateau de Charnières : il est reconnu que celui-ci abrite un habitat spécifique, des prairies de fauche d'altitude. Il s'agit là d'un type de milieu classé lors de l'application de la directive Oiseaux et de la directive Habitats (1992) en France. Comme la fauche régulière empêche la pousse de buissons, ce plateau est propice au développement d'une biodiversité remarquable – un ensemble d'insectes et d'oiseaux spécifiques (dits « prairiaux ») – et offre de plus un paysage singulier, très fleuri au printemps, relativement rare à l'échelle des Alpes. L'arrivée des directives Oiseaux et Habitats[3] s'accompagne ainsi d'une nouvelle qualification du milieu naturel, liée à l'adoption de la biodiversité comme norme d'action : il ne s'agit plus seulement pour le parc de régler des conflits avec des agriculteurs dont on tolère la présence (le décret de création du parc n'empêchant pas la conduite d'activités agricoles mais soumettant celles-ci à un certain nombre de règles) ; il s'agit désormais de garantir le maintien même de l'activité agricole, la fauche, qui est reconnue comme contribuant à l'existence de ce milieu et de sa biodiversité. Un membre du conseil scientifique[4] du parc des Écrins témoigne ainsi de l'évolution des logiques de la protection, qui s'éloignent d'un idéal de nature originelle pour considérer les bénéfices des pratiques agricoles pour l'optimisation de la biodiversité :

> Limiter la marmotte, c'est le maintien d'un pré de fauche, d'un paysage qui est quand même chouette, si vous connaissez, un paysage qui est agréable, surtout au mois de juin avec toutes les fleurs. Tout ce qui est associé à cette flore diversifiée des prés de fauche, quand on met en balance les deux, je dirais le conseil scientifique a pris la décision en toute connaissance de cause : il avait le choix, il avait le choix de se caler sur un principe je dirais un peu fantasmatique d'une nature vierge à évolution spontanée, qui ne correspond pas à la réalité de terrain puisqu'on est dans un milieu qui a été créé et qui est entretenu par l'homme et qui a une diversité biologique, et nous, notre rôle au conseil scientifique c'est d'essayer de faire en sorte qu'il y ait la plus grande diversité biologique.

Or au début des années 2000, tandis que la présence des agriculteurs apparaît de plus en plus nécessaire au maintien de prairies de fauche d'altitude devenues rares et écologiquement intéressantes ainsi qu'à la préservation d'un paysage remarquable, le principal agriculteur exploi-

---

3 Pour une analyse des enjeux de la directive Habitat voir : Pinton *et al.*, 2007.

4 Tous les parcs nationaux sont dotés d'un conseil scientifique, qui organise la mission de production de connaissances qui incombe, de par la loi, à ces institutions, et se prononce sur diverses propositions de travaux ou d'aménagements. Concrètement, le conseil scientifique est composé d'experts extérieurs de différentes disciplines, qui se réunissent plusieurs fois par an.

tant le plateau se fait particulièrement vindicatif. Les agents du parc disent avoir trouvé du gasoil et des traces de feu dans des terriers. Par ailleurs, au cours de l'été 2003, le garde-moniteur[5] chargé du suivi du site trouve les petits marmottons de l'année singulièrement nombreux, ce que confirme le comptage. Pour les agents du parc, il s'agit donc de trouver une solution à un problème pour lequel les méthodes de gestion déjà testées ont montré leurs limites. La réunion du conseil scientifique du parc en novembre 2003 se termine par l'évocation de plusieurs possibilités, dont le recours à la contraception afin, ici aussi, de réguler sans tuer dans le contexte du cœur d'un parc national. Le conseil scientifique ne se prononce pas formellement en faveur de la contraception mais cette éventualité n'est pas non plus rejetée et, à ce moment-là, elle ne suscite pas de réactions particulières. Le procédé est testé l'été suivant. Deux stagiaires vétérinaires encadrées par un vétérinaire spécialiste de la faune sauvage associé au conseil scientifique, aidées par un agent de terrain, se chargent de capturer les marmottes et de leur administrer une substance contraceptive par injection[6], avant de les relâcher, une fois munies d'un collier et d'une boucle auriculaire permettant de les identifier. Un protocole de suivi est mis en place pour s'assurer du devenir des marmottes traitées.

En dépit des résultats positifs obtenus quant à la diminution du nombre de naissances durant l'été 2004, l'hostilité et les interrogations qui s'expriment amèneront les responsables du parc à commanditer une enquête auprès de l'établissement de recherches publiques Cemagref pour mieux comprendre les réactions à cette expérimentation qui se voulait inoffensive, élégante et vectrice de conciliation[7].

1.2. Le calcul de l'estimation du nombre de loups

Le retour des loups en France est officiellement daté de 1992, dans le parc du Mercantour. Dès ce moment, les engagements internationaux contractés par la France, signataire de la convention de Berne, ont

---

5 Agent de terrain d'un parc national.

6 Une partie seulement des marmottes du plateau de Charnières sont concernées, les autres servant de témoins : sur une zone, les animaux des deux sexes sont traités, et sur une autre, les femelles seules le sont (les substances utilisées sont les mêmes que celles communément administrées par les vétérinaires aux animaux familiers tels chiens ou chats).

7 Les gestionnaires du parc des Écrins connaissaient Isabelle Mauz, sociologue au Cemagref (désormais Irstea) Grenoble, pour son travail sur le parc de la Vanoise et sur les réserves naturelles de Haute-Savoie : c'est pourquoi ils l'ont contactée pour enquêter sur l'opération de contraception. J'ai été associée à ce travail au cours duquel une vingtaine d'entretiens ont été réalisés auprès d'acteurs directement impliqués et d'acteurs qui avaient pu observer l'opération : agriculteurs, habitants, professionnels et élus locaux, agents du parc et environnementalistes.

imposé une protection stricte de cet animal[8]. Le ministère chargé de l'environnement a rapidement affirmé la possibilité d'une cohabitation entre les grands prédateurs et les troupeaux de moutons. Une double volonté de protéger la population de loups et de soutenir le pastoralisme ovin confronté aux attaques des prédateurs a ainsi été mise en avant. À partir de 2000, afin d'apaiser la controverse entre « pro-loups » et « anti-loups », le ministère a mis à profit les dérogations prévues par les textes pour autoriser, sous certaines conditions, le prélèvement d'un petit nombre de loups (l'abattage de quatre loups a été autorisé en 2004 et de six en 2005). La question du nombre de loups, formulée dès les années 1990, est alors passée sur le devant de la scène. En effet, la connaissance de l'effectif de loups vivant en France est devenue nécessaire afin de déterminer un quota d'animaux pouvant être éliminés sans nuire au statut de conservation de l'espèce et donc sans rompre avec les engagements de protection. De plus, les quelques tirs de loups légaux qui ont eu lieu ces dernières années peuvent être interprétés comme un geste en direction des milieux pastoraux, donnant à penser que les loups ne sont pas intouchables et que le gouvernement est conscient des difficultés des éleveurs. Mais les autorisations de tir qui ont été délivrées paraissent inadmissibles aux yeux d'une partie des protecteurs des loups, qui les ont à plusieurs reprises attaquées en justice. Confronté aux critiques et aux attaques juridiques des protecteurs, le ministère a donc éprouvé le besoin de disposer d'éléments solides contribuant à motiver sa décision d'autoriser l'abattage d'un certain nombre de loups : aux accusations de non-respect des engagements contractés, il lui faut pouvoir opposer des pièces tendant à prouver que le statut de conservation de l'espèce reste favorable, en dépit des prélèvements effectués. Le ministère veut montrer que le principe de précaution est bien mis en œuvre dans le processus de décision aboutissant à fixer le nombre maximal de loups pouvant être abattus.

Or les loups ne se laissent pas facilement dénombrer. Ce sont en effet des animaux discrets et méfiants, que l'on ne peut compter simplement comme on parvient plus ou moins à le faire avec les ongulés sauvages, qui sont dénombrés lors de vastes opérations de comptage mobilisant un grand nombre d'observateurs de terrain. Il faut donc trouver des méthodes permettant, indirectement, d'estimer leur nombre à partir d'indices. Ainsi, si la question du nombre de loups présents sur le territoire français peut sembler relever du sens commun, elle renvoie en réalité à une organisation administrative et à une construction technico-scientifique complexes, orchestrées par un acteur étatique qui occupe une position d'expertise officielle : l'Office national de la chasse et de la

---

8 Pour un retour détaillé sur la mise en œuvre de la convention de Berne dans le cas du loup, voir : Doré, 2011.

faune sauvage (Oncfs). Un service de l'Oncfs, le Centre national de recherches et d'études appliquées « Prédateurs et animaux déprédateurs » (Cnera Pad), situé pour partie à Grenoble et pour partie à Gap, est chargé de la production de connaissances sur le nombre de loups et sur son évolution dans le temps, ainsi que de la transmission officielle de ses résultats au public et au gouvernement.

Le réseau Grands prédateurs

L'estimation du nombre de loups repose en tout premier lieu sur le recueil d'indices de présence (poils, excréments, urines, sang, dépouilles) et sur des témoignages d'observations visuelles (de l'animal ou de ses traces)[9]. Un certain nombre de ces indices et de ces observations proviennent du réseau Grands prédateurs, réseau de correspondants de terrain animé par l'Oncfs (Cnera). Ce réseau comptait en 2007 un millier de correspondants répartis dans les départements où la présence des loups est avérée ou suspectée[10]. Le fonctionnement du recueil d'informations est codifié de manière à ce que sa fiabilité repose sur des critères techniques, indépendamment de toute référence à l'identité de l'informateur. Un témoignage visuel, par exemple, est décortiqué en une série de données :

- contexte et distance de l'observation,
- moyen de l'observation – œil nu, jumelles, longue-vue –,
- conditions de visibilité,
- nombre d'animaux observés,
- hauteur au garrot,
- description de la queue de l'animal, des oreilles, du pelage, du comportement.

Seule leur convergence permet de conclure, dans un certain nombre de cas, qu'il s'agit d'un loup. Ces différentes données doivent être instruites sur une fiche technique par le correspondant, pour que l'observation soit prise en compte par l'Oncfs. Comme l'explique un agent de l'Oncfs, théoriquement, ce type de dispositif technique permet donc de s'affranchir de la considération de la fiabilité de l'observateur lui-même et n'exclut *a priori* la participation de personne :

---

9 Les éléments présentés ici se fondent sur une enquête financée par la Division de la nature et des paysages du ministère de l'Écologie et du Développement durable (Medd).

10 Dans les régions où les loups semblent, d'après les indices recueillis, en dispersion, le réseau est mis en place de manière allégée. Il est complété lorsque les éléments disponibles donnent à penser que des loups se sont installés. L'extension du réseau s'accompagne alors aussi du financement de mesures de préservation des troupeaux.

> Toutes ces données-là elles remontent, comme si elles venaient de n'importe qui d'autre d'ailleurs, d'un chasseur, d'un promeneur, d'un garde de la réserve des hauts plateaux, d'un agent de l'Onf, euh !... nous on fait pas de tri sur l'origine de l'information, on fait un tri sur les éléments techniques liés à l'information. C'est-à-dire un gars qui nous dit « ouaiaiais, j'ai vu un loup ! ! » et puis qu'est pas capable de nous dire ce qu'il a vu, en nous disant, ben voilà l'animal il est comme ça, il avait tel type de comportement, il avait telle coloration de pelage, il avait telle hauteur au sol... que ce gars-là soit un garde de l'Onc, soit un berger, si il nous dit que ça, cette information elle ne sera pas retenue.

La crédibilité du témoignage n'est pas attachée à son auteur mais au respect de procédures, en l'occurrence au renseignement d'une batterie d'indicateurs factuels.

Ainsi, la participation au réseau est ouverte à tous, sous réserve de suivre une formation de deux jours assurée par la Direction départementale de l'agriculture et de la forêt[11]. Dans les faits, les correspondants sont essentiellement des agents de l'État (Oncfs et parcs) et ne comprennent quasiment aucun éleveur. Un numéro de 2006 du bulletin officiel d'information du réseau (*Quoi de neuf ?*) montrait que 30 % des indices avaient été transmis par des agents de l'Oncfs, près de 5 % par des agents de l'Onf, 30 % par des agents de parcs nationaux[12], 16 % par des agents de parcs naturels régionaux. Le reste des données avait été transmis par des particuliers (13,59 %), des membres d'associations ou de fédérations de chasse (1,62 %) et d'autres organisations (associations de protection de la nature, autres services de l'État). On note donc aussi que, loin que les amateurs contribuent de manière décisive au recueil des données et à la production de connaissances, comme cela a été rapporté pour d'autres secteurs de la production de connaissances naturalistes (Charvolin, Micoud et Nyhart, 2007), ce sont ici des professionnels qui effectuent l'essentiel du travail de recueil et de communication des informations[13].

---

11 Il s'agit aujourd'hui de la Ddt (Direction départementale des territoires).

12 Il s'agit d'une moyenne. La part des données transmises dans le Mercantour par des agents du parc national s'élève à plus de 90 %.

13 Une raison communément répandue de s'impliquer dans le réseau réside dans la possibilité de voir des loups, favorisée par la fréquentation attentive du terrain que réclame le recueil de traces, et dans la participation à une entreprise de connaissance d'une espèce récemment arrivée, encore méconnue et difficile à observer. On comprend que certains correspondants ont préféré se retirer du réseau après la mise en œuvre des premiers prélèvements (tirs de loups) en 2004, d'autres ayant choisi de rester tout en exprimant leurs réticences et leurs inquiétudes (Mounet, 2007, pp. 419-420). Les éleveurs quant à eux estiment pour beaucoup avoir « autre chose à faire » qu'à remplir les fiches techniques de l'Oncfs et à s'enrôler ainsi d'une certaine manière dans le projet étatique de gestion des loups.

Génétique et biostatistiques pour dénombrer les loups

Actuellement, deux principales méthodes sont utilisées conjointement pour parvenir à une estimation du nombre de loups : le pistage hivernal et la méthode CMR (capture-marquage-recapture). D'autres méthodes de suivi des grands prédateurs existent, qui visent d'autres objectifs que l'évaluation de l'effectif de la population. Par exemple, aux États-Unis, des loups sont équipés de colliers VHF permettant de suivre, en temps réel, leurs déplacements et leur dispersion, ou encore d'étudier leur stratégie alimentaire et leur survie. La mise en œuvre de cette technique a été expérimentée en France, dans le parc du Mercantour.

La mesure des empreintes : loup ou chien ?

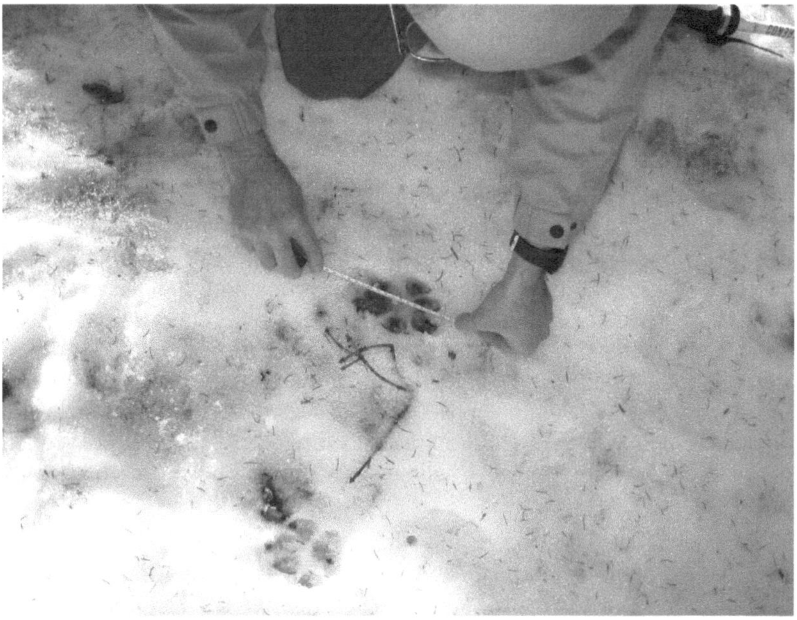

Photo : C. Granjou (hiver 2006)

Le pistage hivernal est fondé sur l'examen des pistes des animaux dans la neige. Des tournées sont effectuées par des agents spécialisés de l'Oncfs au lendemain des chutes de neige afin de repérer les empreintes. Il s'agit de déterminer, à partir de l'examen des empreintes dans la neige, le nombre minimum de loups installés dans des zones où leur présence permanente est avérée depuis deux hivers au moins. La participation des enquêtrices à l'une de ses tournées en janvier 2006 a permis d'observer comment, ici aussi, un protocole permettait de s'assurer de la fiabilité de l'information recueillie en s'affranchissant de la seule confiance dans l'enquêteur.

La forme et la taille des empreintes, leur alignement et leur distance sont examinés afin de distinguer les traces de loups des traces laissées par d'autres animaux (chiens notamment). Des photos sont prises. Au final, le rattachement des empreintes observées à un loup plutôt qu'à un autre animal est qualifié avec un degré de probabilité : il s'agit de « loup probable » ou de « loup très probable » par exemple. Cette méthode ne prétend pas recenser l'ensemble des animaux effectivement présents sur le territoire : en effet, les loups ont la particularité de marcher « patte dans patte » si bien qu'on ne sait pas dénombrer le nombre de loups ayant contribué aux traces observées. Aussi appelle-t-on « effectif minimum résidant » le nombre trouvé à l'issue de chaque hiver.

La méthode la plus sophistiquée, technique de capture-marquage-recapture (Linnell *et al.*, 1998), est appliquée aux loups depuis 2003. Il s'agit de calculer une fourchette d'estimation de la population de loups à partir du matériel génétique contenu dans les crottes et les poils récoltés sur le terrain. Tout se passe alors comme si l'animal avait été virtuellement capturé et le principe de la méthode par Capture-marquage-recapture (Cmr), d'abord élaborée pour les oiseaux, peut être utilisé : le nombre réel d'individus, comprenant ceux qui n'ont pas été repérés, est déduit du nombre d'individus détectés à un moment en appliquant un coefficient correcteur tenant compte de la probabilité de re-capturer un animal déjà détecté. La « capture » correspond donc à l'envoi des indices recueillis par le réseau Grands prédateurs à un laboratoire de l'Oncfs pour y subir un premier tri. Tous les indices matériels de présence collectés ne donnant pas lieu à des analyses, c'est l'Oncfs qui décide du choix des échantillons à analyser et de ceux qui font l'objet d'une procédure d'urgence. Plusieurs laboratoires de recherche contribuent ensuite à la production de l'estimation du nombre de loups.

Interviennent d'abord des généticiens du Laboratoire d'écologie alpine de Grenoble (Leca), qui extraient et analysent les traces d'ADN contenues dans les échantillons qui leur sont livrés. Les généticiens se basent sur une méthode innovante d'identification non invasive de l'ADN des animaux sauvages en liberté, mise au point dans les années 1990. Le principe paraît simple – il s'agit d'analyser l'ADN présent dans les traces matérielles retrouvées sur le terrain. La démarche s'est cependant heurtée à de sérieuses difficultés du fait de la faible quantité d'ADN présente dans les échantillons traités. Un protocole adapté à l'analyse d'ADN en conditions limites (infime quantité et faible qualité) a ainsi été mis au point. Ces questions ont donné lieu à une thèse (Valière, 2002) et des publications scientifiques (Taberlet, 1999). En 2006, 400 à 450 analyses d'indices de la présence des loups étaient réalisées chaque année au Leca. Le laboratoire a été équipé en 2004 d'un nouveau séquenceur d'Adn, plus performant, permettant de traiter la masse d'échantillons à analyser qui lui parviennent « *à la chaîne* » pour reprendre aussi les termes d'un enquêté.

Des biomathématiciens du Centre d'écologie fonctionnelle et évolutive (Cefe) de Montpellier prennent ensuite le relais. Leur travail consiste à s'appuyer sur les données obtenues par les généticiens pour fournir une fourchette de la population de loups tenant compte de la probabilité de recapturer, virtuellement toujours, un animal déjà identifié. Cette probabilité varie fortement selon les individus, qui ont plus ou moins de chances de rester en vie mais aussi, le cas échéant, plus ou moins de chances d'être repérés. Un loup dont les circuits croisent rarement ceux des correspondants du réseau Grands prédateurs sera *a priori* moins souvent détecté, de même qu'un animal plus souvent présent en Italie qu'en France. Il semblerait également que les individus dominants soient plus souvent détectés que les autres, par exemple parce qu'ils déposeraient pour marquer leur territoire davantage de crottes que leurs congénères, ou des crottes plus facilement repérables. Il y a là des questions de recherche qui restent ouvertes en biomathématiques.

Enfin, des spécialistes de la biologie des populations cherchent à évaluer les effets de diverses stratégies de gestion de la population sur son risque d'extinction. Ils élaborent des scénarios, fonction d'hypothèses sur les taux de survie et de fécondité des loups, visant à minimiser le risque d'extinction de l'espèce sur le territoire français tout en autorisant des prélèvements, supposés favoriser l'acceptation sociale des prédateurs. Ils recourent à des modèles stochastiques leur permettant de prédire le taux de survie de l'espèce dans chacun des scénarios retenus, en fonction du mode de gestion adopté (Chapron *et al.*, 2003).

In fine, les modèles mathématiques fournissent une moyenne assortie d'un intervalle de confiance : la probabilité que l'effectif de loups soit compris entre le minimum et le maximum indiqués est par exemple de 95 %, l'effectif le plus probable correspondant à la moyenne. Pour 2001, la méthode par Cmr fournissait une moyenne arrondie à 59 individus avec un intervalle de confiance à 95 % compris entre 27 et 102. Le site du ministère du Développement durable donne une estimation entre 180 et 200 individus en 2009, précisant aussi que l'aire de répartition détectée (nombre de communes avec au moins un indice de présence validé) augmente depuis la réapparition de l'espèce d'environ 25 % par an en moyenne.

Ainsi, bien loin qu'on puisse compter les loups présents à un endroit, il s'agit de déployer des calculs probabilistes afin de déduire, à partir du nombre d'individus identifiés à un moment, le nombre réel d'individus, comprenant aussi ceux qui n'ont pas été repérés. Décortiquer la chaîne d'acteurs et d'activités impliqués dans la construction de l'estimation du nombre de loups permet de souligner le recours par les gestionnaires de la nature à des techniques sophistiquées, à la pointe même parfois des questionnements de recherche en génétique et en bio-informatique. Ce dispositif offre un cas exemplaire de coordination entre le monde de la recherche académique et celui de la gestion de la nature.

CHAPITRE 2

L'extension de la traçabilité des animaux sauvages

De la mise en parallèle de la contraception de marmottes et du dispositif d'estimation du nombre de loups ressort l'expansion d'une traçabilité de la faune sauvage. Comment la traçabilité transforme-t-elle les logiques de protection de la faune sauvage ?

2.1. Tracer les individus et leurs comportements

L'individualisation de la connaissance du sauvage

Les dispositifs considérés pour la contraception des marmottes et l'estimation du nombre de loups diffèrent considérablement par leur échelle (site très local dans le premier cas, dispositif national dans le second cas), l'ampleur des moyens mobilisés et les méthodes employées. Mais ils visent tous deux à réguler l'effectif d'animaux présents sur un territoire donné afin de faciliter la cohabitation avec les pratiques agricoles et pastorales. Dans les deux cas, la régulation s'appuie sur un suivi fin de l'évolution de l'effectif des animaux sauvages, suivi particulièrement complexe dans le cas du loup. À chaque fois, ce suivi dépasse un simple comptage pour atteindre un niveau de connaissance des individus et de certaines de leurs caractéristiques. Il repose en effet sur une individualisation de la connaissance alliée à une miniaturisation des procédés et des outils ainsi que sur une infrastructure de codage et d'archivage des informations.

La particularité des techniques mobilisées pour la contraception des marmottes et pour l'estimation de la population de loups est de permettre une forme de connaissance et de gestion des animaux fondée sur l'individu, sur son statut ou son comportement particulier, et non plus sur une population composée de membres interchangeables. Ainsi, dans le cas des loups, l'analyse génétique des indices permet d'identifier des individus particuliers, déjà connus (on peut alors avoir une idée de leurs déplacements) ou non. Elle permet aussi de repérer des liens de filiation et plus généralement de parenté entre les individus : au-delà de la connaissance des individus, cette technique pointe vers un projet de mise en ordre des populations animales sauvages. Dans le cas du lynx, traçabilité et mise en ordre sont encore poussées un peu plus loin, avec la possibilité de désigner non plus l'acte de prédation mais l'individu prédateur comme l'élément justifiant l'abattage. Certains animaux sont identifiés comme ayant pris l'habitude d'attaquer les troupeaux domestiques et sont éliminés en tant qu'individus pour ainsi dire « déviants » et « irrécupérables ». Il y a donc dans ce cas une forme de traçabilité de la faute, avec un jugement sur le comportement de l'animal préalable à sa désignation pour être abattu. Enfin, un niveau supplémentaire de traçabilité des loups est atteint avec la tentative, commencée à l'automne 2006, d'équiper certains loups de colliers émetteurs, permettant de reconstituer précisément les déplacements des animaux dans le parc du Mercantour dans le cadre d'un programme de recherches.

Dans le cas des marmottes, l'identification individuelle ne passe pas par l'analyse génétique mais par une phase de contact direct avec l'animal qui doit être capturé. L'animal est alors équipé d'un collier muni d'une marque colorée repérable à distance ainsi que d'une petite bague auriculaire mentionnant un code. Un des acteurs ayant participé à la mise en œuvre de la contraception explique ainsi la complémentarité de ces deux outils (bague et collier) et leur utilisation dans le protocole de suivi des marmottes ayant subi le traitement :

> Surtout ils [les animaux] sont marqués avec une bague pérenne, une toute petite boucle métallique à l'oreille et un signe visible à distance, c'est un collier en fait avec un pendentif, de formes différentes, et ensuite, pendant les trois mois, y a eu tout un travail de suivi pour voir ben si les animaux restaient sur site dans leur terrier et si leur place hiérarchique était modifiée.

Le code ainsi que la forme du collier sont reportés sur un tableau récapitulatif où figurent d'autres caractéristiques de l'animal : sexe, classe d'âge, poids au moment de la capture.

Chaque marmotte se trouve ainsi individualisée, nommée et numérotée. L'individualisation du suivi est encore accrue par l'attribution d'un nom à chaque marmotte. On retrouve ici les supports fixes de la traçabilité (comme le tableau récapitulatif assurant les correspondances entre les codes et les identités) et les supports mobiles (médailles, boucles auriculaires) suivant les déplacements des animaux, ainsi que leur association décrite dans le cas de la traçabilité des produits en agroalimentaire[1].

1 Voir : Granjou et Valceschini, 2005.

Tableau : Identification individuelle des marmottes lors des captures réalisées en 2005

	Zone de capture	N° de capture	sexe	Poids (en kg)	Age estimé	Boucle auriculaire	médaille
Grincheuse	3 D	2	F	2,4	2 ans	8824	⇑ 545
Hutch	3 C	2	M	4	3 ans	8603	O 502
Crevette	3 D	2	F	2,8	2 ans	8779	L 503
Play-Boy	3 E	2	M	2,9	2 ans	8729	T 504
Mégere	3 E	1	F	3,3	3 ans	8605	□ 505
Flocon	3 E	2	M	3,5	3 ans	8506	Δ 506
Martin	3 E	1	M	2,7	2 ans	8698	Π 507
Scoubidou	3 B	1	M	3,4	3 ans	8827	◊ 508
Josette	3 B	1	F	3,3 kg	3 ans	8701 gauche	I 509
Tom	3 B	1	M	3,3 kg	3 ans	8670	⊥ 510
Pamella	3 A	1	F	3,4	3 ans	8671	Π 511
Surprise	2 B	2	F	3,6	2 ans	8608	□ 512
Truffette	2 A	2	F	3,1	2 ans	8845	⇑ 513
Martine	2 B	1	F	2,8	2 ans	8702	◊ 514
Johnny	3 B	1	M	2,8	2 ans	8704	L 515
Mitch	3 A	1	M	2,7	2ans	8794	◊ 516
Bonnemine	2 C	1	F	4,8	Adulte	8795	□ 517
Casse-Bonbon	2 A	2	M	3,8kg	3 ans	8739	I 518

Cette traçabilité des marmottes a facilité le suivi de l'expérimentation de contraception : le collier visible de loin a permis de distinguer les marmottes ayant subi l'injection et d'attribuer les comportements observés à un animal donné. Il a été observé que les marmottes traitées passaient davantage de temps à manger et que leurs activités sociales, notamment les comportements agressifs, diminuaient fortement. La traçabilité des individus participe également d'une entreprise de comptage et de cartographie des animaux. Cette entreprise ne repose pas sur des techniques aussi sophistiquées que la technique de CMR mais sur la mobilisation d'un grand nombre d'agents et de bénévoles une journée par an sur le site. Chaque personne observe, pendant une durée déterminée, les mouvements des marmottes sur une certaine portion du site et les reporte sur une carte. Puis une durée de repos suit avant une nouvelle phase d'observation. Le nombre de marmottes est estimé à l'aide d'un coefficient correcteur tenant compte du nombre moyen de marmottes qui n'ont pas été observées.

Identification d'une marmotte sur le secteur de Prapic

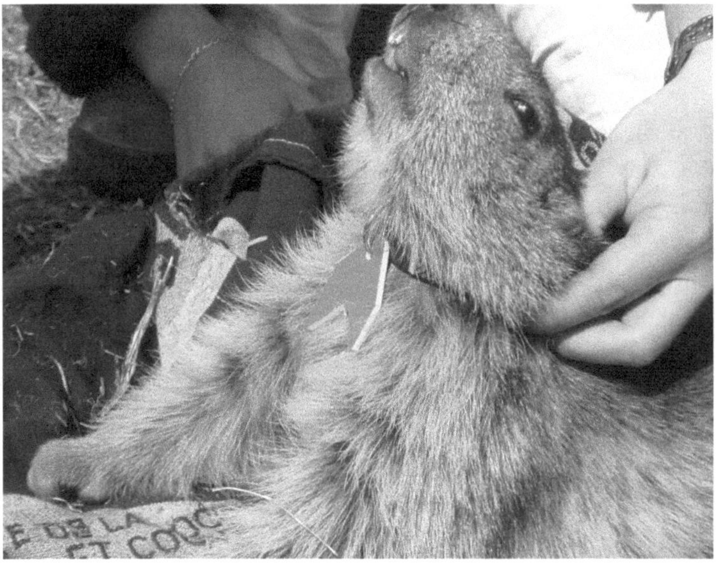

Photo : C. Granjou (2005)

Cette descente au niveau individuel s'accompagne d'un mouvement de miniaturisation des procédés de traçabilité : dans l'histoire du parc, les marmottes ont d'abord été identifiées par de simples marques de peinture apposées sur le pelage, puis par des colliers et des boucles auriculaires, qui restaient visibles à l'œil nu. Cependant les animaux, en se frottant ou se grattant, se débarrassaient parfois de ces boucles ou barrettes. D'où l'idée d'introduire sous leur peau des systèmes d'identification, appelés transpondeurs, qui peuvent être lus comme des codes-barres. Les chercheurs spécialistes des marmottes insèrent ainsi aujourd'hui sous la peau des animaux de telles puces électroniques. Celles-ci ne peuvent être perdues et leur durée de vie serait illimitée. Elles permettent ainsi de fiabiliser et de pérenniser le suivi tout en rendant le dispositif totalement invisible, comme l'explique l'un des chercheurs enquêtés : « je leur mets juste une barrette à l'oreille et puis un transpondeur que j'injecte dans le cou, après les avoir tranquillisées. [...] C'est une petite puce en fait, c'est un peu comme un code-barre. » On voit ici la proximité entre ces transpondeurs et les techniques de *radio frequency identification* (RFID) mobilisant également des systèmes de code-barre.

Une infrastructure de codage et d'archivage de l'information

La circulation des supports et des inscriptions liés à la traçabilité des marmottes demeure relativement limitée à l'intérieur du parc national : elle concerne surtout les allers et retours entre les secteurs et leurs sièges administratifs[2]. Ainsi, une photocopie du tableau récapitulatif des codes et des caractéristiques des marmottes, établi par les stagiaires sur le terrain, est conservée au siège du secteur, où se trouvent également enregistrés les résultats des comptages depuis leur mise en place.

En revanche, on a vu que les supports et les inscriptions concernant les loups circulent au niveau national entre une diversité de parties prenantes. La conservation de l'identité des individus identifiés tout au long de la chaîne d'opérations participant de la méthode Cmr constitue alors une condition cruciale. Elle donne lieu à un important travail d'équipement des objets circulants, afin de rendre possible la traçabilité individuelle des loups. L'objet initialement recueilli par un bénévole du réseau sur le terrain est ainsi progressivement équipé d'une « infrastructure invisible » (Bowker and Star, 1999) qui permet de le détacher de son contexte premier et de l'inscrire dans d'autres communautés de pratiques, tout en construisant et en garantissant l'identité de l'animal auquel il correspond.

Une fois découvert et recueilli par un membre du réseau Grands prédateurs, l'indice de présence – crotte, poil, sang, urine – subit un premier formatage. Il s'agit de préserver les traces d'ADN qu'il contient, généralement présentes en très faible quantité et de qualité variable. Les poils doivent par exemple être recueillis entiers, avec leurs bulbes ; les excréments sont conditionnés en piluliers avec une solution d'éthanol afin de stabiliser l'ADN ; le sang est congelé ou précipité dans une solution qui fixe les globules contenant l'ADN, de même que l'urine. Mais il importe aussi d'assurer la mémoire des conditions de recueil de chaque indice : les indices sont ainsi conservés dans un sac de congélation doté d'une fiche standard, mentionnant le nom du correspondant, la date de récolte, le nom de la commune et le numéro du département. Un code de référence leur est attribué. L'indice de présence est ainsi équipé d'un ensemble d'inscriptions codifiées, qui d'une part imposent à l'observateur une certaine logique de mise en forme et de standardisation[3], et d'autre part vont permettre à l'objet d'être approprié par les généticiens : désormais conditionné et codé, le poil de loup a changé de

---

2 Les secteurs correspondent au découpage spatial du territoire (cœur) des parcs nationaux en unités de gestion. Les parcs possèdent un unique siège administratif (situé à Gap pour le parc des Écrins).

3 Sur cette façon dont les objets techniques déterminant les pratiques de leurs utilisateurs, voir : Akrich, 1987.

statut : il a cessé d'être un matériau « brut » recueilli sur le terrain pour devenir un échantillon utilisable par la communauté de chercheurs (généticiens).

L'intervention des généticiens vise d'abord à déterminer l'espèce à l'origine de l'échantillon, à condition là encore que la qualité de l'ADN soit suffisante pour effectuer ces manipulations, sinon l'échantillon « part au rebut » pour reprendre l'expression d'un enquêté. Au cours de cette manipulation, les généticiens attribuent un nouveau code à l'échantillon permettant de faciliter son traitement au sein du laboratoire. Une correspondance est bien entendu établie avec le code initial transmis par l'Oncfs. Les généticiens cherchent ensuite à attribuer l'échantillon à un individu particulier (sexe et profil génétique). Il s'agit soit de la capture (virtuelle) d'un nouvel individu, encore jamais identifié, soit de la recapture d'un individu déjà connu, dont on suit alors la trajectoire au cours du temps. La retransmission par les généticiens de leurs résultats à l'Oncfs permet un recoupement avec d'autres indices (observations visuelles, suivi hivernal des empreintes) dans la perspective de déterminer les implantations géographiques et les déplacements des individus, voire ultérieurement des filiations. Le code initial attribué à l'échantillon génétique devient alors la dénomination d'un individu dont on connaît partiellement l'histoire : d'après les documents techniques de l'Oncfs, on voit par exemple que tel individu, dénommé S10-1, a été détecté trois fois de 2002 à 2004, dans tel secteur géographique.

Les biostatisticiens calculent la probabilité de recapture des animaux à partir de ces données historiques, puis en déduisent le coefficient correcteur à appliquer à l'ensemble des individus effectivement détectés pour y inclure ceux qui ne l'ont pas été. La possibilité de ce traitement statistique repose toutefois sur la fiabilité de l'identification génétique qui vient d'être réalisée. Celle-ci ne va pas sans risque de produire des artefacts au sens restreint du terme, c'est-à-dire de « faux » individus : « l'idée qu'un échantillon soit déposé dans une machine, capable de faire apparaître en sortie sur un écran le nom de l'animal, est bien sûr un peu optimiste… » (*Infoloups. Quoi de Neuf ?* n° 18, p. 9). Lorsqu'on effectue un prélèvement dans un extrait d'ADN très dilué, il faut donc répéter les analyses afin d'accroître les chances de capturer une séquence de génome significative. Mais il existe aussi un risque de faire apparaître de « fausses » séquences, correspondant à des loups qui, en réalité, n'existent pas. Chaque échantillon est donc analysé huit fois, la concordance des résultats déterminant le degré de qualité du génotypage. Un indice qualité compris entre 0 et 1 est ainsi attribué à chaque fois, qui constitue un indice de confiance dans le résultat : en cas de forte divergence des résultats, l'indice de qualité est proche de 0, signifiant qu'il est hasardeux, voire impossible, de conclure quant à l'identité de l'animal. L'indice de qualité constitue ainsi un équipement standardisé du génotype, qui va conditionner la manière dont les biostatisticiens le prennent en compte comme élément de calcul : par convention, ne sont retenus que les typages dont l'indice de qualité est supérieur à 0,6.

Les gestionnaires de la population peuvent alors s'appuyer sur le résultat de ce calcul pour élaborer une stratégie de conservation compatible à la fois avec la viabilité de l'espèce et avec la volonté de prendre en compte les difficultés des éleveurs. L'équipement de l'effectif sous forme de fourchette rend possible le choix politique d'une stratégie de gestion. Les décideurs peuvent en effet opter pour l'hypothèse « haute » – le chiffre le plus élevé, permettant un nombre supérieur de prélèvements, conforme aux souhaits des éleveurs – ou l'hypothèse « basse » – l'effectif le plus faible, restreignant au contraire les possibilités de prélèvement et correspondant à une précaution satisfaisant les environnementalistes.

2.2. L'extension du contrôle écologique du vivant… et ses limites

Les dispositifs techniques dont il vient d'être question participent de l'extension de nouvelles manières de connaître et de gérer la faune sauvage, qui sont caractérisées par le fait qu'elles ne s'appuient plus sur un principe d'enfermement ou de zonage territorial, mais sur un suivi des déplacements en monde ouvert. C'est bien là la définition d'un principe de traçabilité, que l'on retrouve actuellement en plein développement dans le gouvernement des objets et des êtres au cœur des problématiques sanitaires[4]. La création d'espaces protégés instaurait en effet un gouvernement des hommes et des êtres naturels reposant sur le principe d'isolement d'un territoire auquel on applique des règles de limitation des usages (Selmi et Hirtzel, 2007). Les parcs nationaux étendent un contrôle des pratiques par un quadrillage de l'espace qui repose sur une organisation administrative du territoire (centre/périphérie, secteurs, etc.), sur une réglementation (interdictions d'activités, soumission à autorisation, code de comportement pour les visiteurs) et sur un équipement matériel (balisage des frontières et des sentiers, inventaire et surveillance des animaux). Or les techniques de connaissance des populations animales qui se développent aujourd'hui se désolidarisent d'un principe d'isolement territorial ou de quadrillage de l'espace. Alliant une volonté de connaissance et de surveillance des animaux et de leurs déplacements et une logique d'ouverture à l'exploration, elles rendent possible un suivi des animaux en monde

---

[4] Sur la notion de traçabilité voir notamment : Torny, 1997 et 1998 ; Granjou et Valceschini, 2005 ; Barbier, 2007.

ouvert, ou plus précisément – dans la mesure où les frontières préexistantes ne sont pas gommées – en monde « entrouvert ». Alors que le zonage de l'espace distinguait les territoires dont on discipline les usages et ceux où l'homme a le champ libre, ces techniques de traçabilité viseraient plutôt à organiser un « vivre ensemble » et à dessiner de nouveaux collectifs : on retrouve ici la définition que donne Bruno Latour du processus d'écologisation (Latour, 1995 ; 1999).

L'extension de la traçabilité des animaux sauvages s'accompagne également d'une reformulation de l'injonction d'écologisation et de protection des animaux au cœur de la mise en œuvre des nouvelles techniques elles-mêmes. Les nouvelles techniques de suivi des animaux supposant une phase de contact avec eux s'accompagnent de règles, parfois informelles, et de précautions garantissant la moindre nocivité des interventions. Il s'agit probablement aussi, tacitement, de tenter de minimiser les effets du contact qui s'effectue alors entre l'homme et le sauvage et les risques de « contagion » du sauvage par l'humain qui pourraient s'en suivre. Dans le cas des captures de marmottes dans le parc des Écrins, les anciens pièges à marmottes, qui provoquaient parfois des blessures chez les animaux, ont été remplacés par des pièges-cages, moins vulnérants.

Un appât (carotte, chou) est posé à l'intérieur de la cage, dont le battant resté ouvert se referme automatiquement lorsque l'animal y pénètre. Les manipulations effectuées sur les marmottes à l'occasion de l'injection des produits contraceptifs, ou de leur suivi en général, sont effectuées alors que l'animal est endormi ; lorsqu'il commence à se réveiller, l'animal est reposé à l'endroit précis où il est entré dans le piège-cage, afin de le perturber le moins possible – le moment passé en captivité devant être idéalement vécu comme une sorte de parenthèse qui ne doit interférer en rien avec le reste de la vie sauvage de l'animal.

Un piège-cage

Photo : C. Granjou (mars 2005)

Une marmotte anesthésiée

Photo : C. Granjou (mars 2005)

Le passage d'un système où des individus sont prélevés et déplacés, c'est-à-dire physiquement supprimés, à un système qui s'efforce de gérer la vie, n'est pas sans rappeler l'émergence d'un « biopouvoir » que Michel Foucault (1976) a décrite : le pouvoir ne s'exerce plus au moyen d'un prélèvement pur et simple (éventuellement valable sur certains territoires seulement) ouvrant à, ou valant pour, la puissance de mise à mort des individus, mais à travers une gestion de la population qui s'appuie sur des techniques scientifiques d'observation et de contrôle. Mais les techniques de suivi et de régulation de la faune sauvage évoquent peut-être plus fortement encore l'analyse que Deleuze (1990) propose des « sociétés de contrôle » qui auraient succédé selon lui aux sociétés disciplinaires décrites par Foucault : un contrôle étroit des individus, qu'on laisse circuler à peu près librement, a remplacé l'organisation de grands milieux d'enfermement de la naissance à la mort (hôpitaux, entreprises, écoles, prisons…). Plusieurs travaux pointent ainsi la mise sous contrôle du vivant sauvage et la construction d'une prévisibilité des animaux sauvages (Larrère, 1994, Bobbé 2004). Les effets policiers des applications des nanotechnologies à l'homme (passeports, badges, dossiers médicaux ou casiers judiciaires électroniques) et à l'animal (implantation de puces permettant l'identification des bovins et des ovins) donnent aussi matière à de nombreuses réflexions.

Il convient de ne pas oublier cependant que ces dispositifs de surveillance, en dépit de l'extension du contrôle instauré, s'accompagnent aussi d'échappements liés à des formes de subversion par les animaux eux-mêmes, qui se révèlent particulièrement doués pour certaines formes d'échappements et de débordements. Les animaux se révèlent ainsi capables d'échapper au suivi sans nécessairement quitter les lieux. Par exemple, les marmottes traitées en 2004 n'ont pas toutes été retrouvées l'année suivante, sans que l'on parvienne à démêler si elles se sont déplacées, si elles ont perdu leur collier ou si elles ont péri au fond de leur terrier. Cette capacité à passer inaperçu et à brouiller les pistes n'est pas propre aux animaux de petite taille : bien souvent, les loups parviennent à s'approcher des troupeaux à la dérobée et, en juin 2006, un des ours slovènes introduit dans le massif pyrénéen et porteur d'un collier émetteur a échappé au suivi pendant près de trois semaines. Insouciants des cadres nationaux des dispositifs de suivi, les loups franchissent les frontières et s'établissent en meutes transfrontalières[5].

Les animaux sont aussi capables de modifier leur comportement pour s'adapter aux mesures destinées à les gouverner, si bien que des échappements à la visée de maîtrise se produisent, rendant nécessaire de

5 En 2006, sur les 14 meutes recensées, 5 étaient transfrontalières.

réajuster sans cesse les dispositifs. Les loups, par exemple, s'adaptent assez rapidement aux mesures de protection des troupeaux et apprennent à les déjouer, si bien que les dispositifs d'effarouchement et de protection sont bientôt périmés : les différents signaux sonores et visuels expérimentés n'effraient plus les prédateurs au bout de quelques semaines voire de quelques jours[6]. On peut aussi penser aux difficultés qu'ont eues les agents du parc du Mercantour à capturer des loups pour les équiper d'un collier émetteur, en dépit de la présence d'un expert américain – il semblerait que les loups présents dans l'arc alpin soient plus farouches que leurs congénères américains, accoutumés à évoluer dans un environnement peu anthropisé.

Ces types d'échappement animaux sont peu abordés dans la littérature sociologique. La capacité des animaux à évoluer, à s'adapter à de nouveaux contextes et à réorienter leurs comportements dans la durée oppose des limites à la gouvernabilité qui se retrouvent à peu de choses près dans le cas des organismes vivants que sont les supports de maladie, virus, prions, toujours susceptibles de muter pour sortir des cantonnements mis en place par les hommes. Mais il s'agit aussi de la mobilité furtive et obstinée des animaux et de leur faculté spécifique à jouer avec la clandestinité, à anticiper le suivi et la surveillance pour se rendre invisibles et échapper aux regards et aux diverses techniques de traçabilité.

Bilan : vers un effacement des frontières entre naturel et artificiel, sauvage et domestique ?

Quelle est la validité plus générale des leçons que l'on peut tirer de ces deux exemples – contraception des marmottes et suivi de l'effectif des loups ? Il semble bien qu'ils ne constituent pas des cas marginaux ou exceptionnels dans le monde de la gestion de la faune sauvage. Au contraire, on peut penser qu'ils sont représentatifs de transformations plus globales des modes de gestion du vivant sauvage, de leur technicisation croissante. Or un tel renouvellement des répertoires d'action de la protection n'est pas sans s'accompagner d'une transformation plus générale des significations culturelles et politiques du rapport à la nature : c'est la frontière entre les catégories générales de naturel et d'artificiel, de sauvage et de domestique qui est ici en jeu (Mauz, 2005).

C'est tout d'abord la diversification même des problématiques de conservation qui induit un panel de méthodes plus variées. Si les espaces protégés se sont longtemps occupés uniquement de préserver,

---

6 Si l'introduction de chiens de protection dans les troupeaux semble, dans certaines conditions, particulièrement efficace contre les attaques de grands prédateurs, c'est qu'ils présentent l'avantage d'être, comme les loups, capables d'apprentissage.

pérenniser et multiplier des populations animales en déclin ou menacées de disparaître, il s'agit aujourd'hui aussi, dans bien des lieux, de gérer leur croissance ou leur multiplication – parfois dues au succès même des mesures traditionnelles de conservation. La problématique de l'abondance, plutôt que de la pénurie, des animaux sauvages apparaît de plus en plus présente (Garrott *et al.*, 1993). Contraception et estimation des effectifs, dans les cas de la marmotte et du loup, ne concernent pas des populations en voie d'extinction mais plutôt des animaux jugés localement surabondants pour les marmottes, et une espèce en voie de recolonisation sur le territoire français pour le loup. Il s'agit alors, pour certains environnementalistes, de disposer de différents outils au service de la préservation de la biodiversité dans ces diverses configurations. La catégorie d'espèces invasives et la lutte contre ces espèces ont en effet, depuis quelques années, pris une grande ampleur (Rémy et Beck, 2008 ; Carruthers *et al.*, 2011 ; Tassin et Kull, 2012). Non que cette catégorie soit complètement récente (l'écologue anglais Charles Elton a publié dès 1958 *Ecology of invasions*) mais elle est désormais identifiée comme l'une des causes majeures de l'érosion de la biodiversité, au même titre que le changement climatique, la destruction et la fragmentation des habitats ainsi que la pollution.

Par ailleurs, une dynamique de technicisation s'ajoute aujourd'hui aux méthodes d'observation ou de fréquentation directe de la nature qui ont pu prévaloir dans le passé. Sans doute la relation directe et sensible aux plantes et aux animaux ainsi qu'aux milieux n'a-t-elle pas disparu mais elle se double aujourd'hui d'une approche toujours plus instrumentée, qui tend dans certains cas à la supplanter. La télémétrie par exemple suppose d'équiper l'animal d'un instrument de localisation à distance, reposant sur l'enregistrement ou l'émission des données au cours du temps. Une louve a ainsi été capturée en été 2009 dans le parc du Mercantour et équipée d'un collier GPS programmé pour enregistrer la position de l'animal toutes les demi-heures la nuit, toutes les quatre heures le jour. Dans les Alpes, des chamois, bouquetins et lagopèdes sont désormais équipés d'émetteurs qui permettent de les localiser avec précision et aussi souvent qu'on le souhaite, dans le cadre de programmes de recherches. Des images prises par satellite ou par avion sont utilisées pour identifier les milieux et suivre leur évolution. L'emploi de caméras infrarouges est expérimenté pour observer les interactions nocturnes entre les loups et les chiens de protection des troupeaux sur les alpages. Cette modernisation des techniques de détection, d'identification et de suivi, qui nécessite l'intervention coordonnée de plusieurs disciplines (génétique moléculaire, mathématique, informatique) facilite l'extension de la surveillance à des surfaces et à des populations beaucoup plus importantes que par le passé. Dans le même temps, il est possible de focaliser l'attention sur des superficies très réduites et sur des individus particuliers, dont on cherche à connaître, en continu, la localisation et le comportement. Jamais la nature protégée n'avait en définitive été quadrillée avec un équipement aussi lourd et sophistiqué, capable de balayer autant d'échelles différentes. Jamais non plus il avait été possible d'acquérir des informations sur les animaux sauvages sans être en même temps qu'eux au même endroit, sans donc entrer en contact avec eux ou du moins les voir dans une grande proximité. La différence dans la nature et le degré de connaissance des animaux sauvages avec celle des animaux domestiques, identifiés, marqués, mesurés et étalonnés dans leurs performances tend ainsi à s'amenuiser dans certains cas. Ainsi, la maîtrise de la reproduction constitue par exemple une technique utilisée traditionnellement pour les animaux domestiques (souvent d'ailleurs plutôt pour en accroître la fertilité) qui se trouve soudainement réutilisée pour des animaux sauvages. Après la bergerie, il semble que la nature tout entière pourrait être en passe de devenir un « centre de calcul »[7].

[7] Cf. le numéro spécial de la *Revue d'anthropologie des connaissances* « De la bergerie au centre de calcul » paru en 2008.

CHAPITRE 3

Protecteurs de la nature contre gestionnaires de la biodiversité

Analyses génétiques, contraception, usage de colliers GPS et autres techniques de traçabilité de la faune sauvage ne constituent pas une simple boîte à outils dans laquelle on puise pour accomplir un programme d'actions inchangé répondant à un registre de valeurs immuables : ces techniques s'accompagnent d'une redéfinition des objectifs de l'action de protection ainsi que des positions et des clivages au sein des groupes d'acteurs qui s'en revendiquent. Les protecteurs ne se muent pas en gestionnaires et techniciens de la biodiversité sans se trouver critiqués ou dénoncés par certains de leurs pairs, ou au contraire rejoints par certains de leurs opposants traditionnels : les micropolitiques de la biodiversité ébranlent la frontière traditionnelle entre protecteurs et exploitants de la nature.

3.1. La contraception critiquée

Revenons un moment sur l'expérimentation de contraception des marmottes dans les Écrins pour décrire les réactions critiques ou sceptiques qui lui ont fait suite dans les médias et de la part de certaines instances nationales vouées à la protection de l'environnement. Pour ses promoteurs, la contraception constitue une méthode innovante et particulièrement adaptée aux connaissances acquises sur l'espèce, à l'inverse des captures-translocations qui s'appliquaient indépendamment du statut des individus, au hasard et sans efficacité avérée. Il s'agit aussi d'une technique jugée plus respectueuse des animaux que la précédente car, contrairement aux marmottes qui étaient déplacées, les individus traités ne risquent pas de mourir ; ses promoteurs la jugent *a fortiori* plus respectueuse que le tir. Dans ce cadre, les promoteurs d'une opération qualifiée d'« élégante » ont été particulièrement surpris par les échos imprévus qui leur sont revenus peu après la mise en œuvre de la contraception.

Le 17 juin 2004, un article intitulé « Les marmottes prennent la pilule » paraît dans le quotidien régional *Le Dauphiné libéré*. Peu après, c'est au *Berliner Zeitung* de consacrer un article à l'expérimentation de contraception, intitulé « Gebremster Sex bei den Murmeltieren »[1], puis en juillet 2004, un petit journal local, *le Drac noir*, titre « Marmottes : contrôle des naissances à Prapic ». Les commentaires des journalistes qui accompagnent l'exposé des raisons de l'intervention et de son déroulement se veulent amusants ; leur ton est généralement humoristique et sarcastique plutôt que dénonciateur. Ainsi, dans l'article paru dans le Dauphiné libéré le 17 juin 2004, on peut lire : « Alors, face aux marmottes qui pullulent, le parc a décidé de leur faire prendre la pilule ! » et, un peu plus loin : « Bref, cet été, on va pas rigoler tous les soirs dans les terriers ! ». Le ton de certains membres de la commission faune du Conseil national de protection de la nature (Cnpn)[2] est en revanche beaucoup plus sévère. L'un des membres, ayant appris l'existence de l'opération par la radio, en conteste âprement la légitimité. Le parc est alerté des critiques de la commission par l'un de ses membres qui siège aussi au conseil scientifique du parc. Lors de la séance plénière du Cnpn le 18 novembre suivant, où le directeur du parc présente le programme d'aménagement 2005-2010 de l'établissement, la discussion se focalise sur l'expérimentation de contraception. Si le Cnpn valide finalement le programme d'aménagement du parc, avec une abstention, les expérimentateurs disent avoir été très marqués par le temps passé à discuter de leur initiative de contraception lors de cette réunion. C'est ensuite au sein même du conseil scientifique du parc que des voix contestataires s'élèvent, alors que personne auparavant n'avait contesté le bien-fondé de l'opération.

On l'a vu, ces diverses voix critiques, bien que relativement peu nombreuses, ont amené le parc à demander au Cemagref de mener une étude sociologique sur les réactions suscitées par l'expérimentation. On peut lire, dans le rapport d'activité 2004 du parc (pp. 23-24) : « Si les résultats sont probants, même s'ils demandent à être confirmés en 2005, l'émoi suscité par cette opération est sans égal : face à cette incompréhension où tout acte de communication semble vain, il est décidé d'accompagner cette démarche de gestion des populations par un volet “sciences humaines” ». Les mêmes raisons semblent avoir décidé le parc peu de temps après à ne pas poursuivre l'expérimentation.

Les réactions à l'expérimentation de contraception de marmottes sont symptomatiques de l'élaboration locale de nouvelles significations collectives liées à la perspective de gestion de la biodiversité, qui contribuent à redessiner le paysage social local, mais aussi dans une certaine mesure le paysage national de la protection de la nature.

---

1 Coup de frein à l'activité sexuelle des marmottes.

2 Le Cnpn est un organisme consultatif auprès du ministère de l'écologie, chargé, entre autres missions, de donner un avis sur les programmes d'aménagement des parcs nationaux.

3.2. La dénonciation de la violation du sauvage

L'expérimentation de contraception a d'abord été critiquée au motif qu'elle ne considérait pas les animaux sauvages avec le respect qu'ils méritent au sein d'un parc national. Cette critique n'est pas le fait de tous les protecteurs ; de façon plus inattendue, elle est aussi le fait de certains exploitants agricoles. Ainsi le témoignage de l'un des agriculteurs exploitant le plateau de Charnières associe explicitement cette opération de contraception à d'autres signes indiquant selon lui un mouvement plus global de « dé-naturalisation », de « désensauvagement » et de décadence générale du milieu naturel local :

> Ça va faire [...] des grosses marmottes bien grasses qui vont perdre la vie, qui vont perdre leurs qualités. Leur... qui vont perdre leur vie, ça va plus être des marmottes. C'est comme la maladie du chamois, tout ça : c'était pas chez nous, avant.

Agriculteurs et chasseurs locaux associent la contraception avec d'autres problématiques sanitaires concernant la faune sauvage (épidémie de kératoconjonctivite du chamois), mais aussi le cheptel domestique (vache folle, OGM) ou l'homme (cancer du sein). En administrant des substances contraceptives à des animaux sauvages, on intervient effectivement dans leur cycle de reproduction, ce qui constitue une intrusion particulièrement artificielle. Quasiment systématiquement et spontanément, les acteurs interviewés ont comparé la légitimité du recours à la contraception à celle de la chasse, pour valoriser la seconde, jugée plus naturelle, au détriment de la première. Un chasseur témoigne ainsi :

> J'oserais dire largement que je reconnais à la chasse plus de naturel que la contraception.

Un agent du parc explique la contradiction ressentie par les chasseurs :

> Ils ont fait la comparaison par rapport à l'acte de chasse quoi : on leur interdit de chasser dans la zone centrale, de prélever des animaux et maintenant on veut les empêcher de s'y reproduire dans cette zone-là et on leur explique que c'est une zone de protection donc c'est vrai que... ça... disons ça a mal été compris pour ça.

Plusieurs chasseurs ont mis en doute le fait que l'expérimentation puisse demeurer sans effets secondaires sur le milieu ou les espèces environnantes. Alors que l'opération de contraception est conçue par ses promoteurs comme opérant sur un nombre d'animaux réduits, sur un espace délimité et avec un protocole défini et limité dans le temps (réversible puisqu'il ne s'agit pas de stérilisation), plusieurs acteurs ont mis en doute l'étanchéité entre les frontières de ce quasi-laboratoire et le reste du territoire du parc. Un chasseur soulève le risque de disséminer le produit chimique contraceptif dans le milieu :

> On agit sur la reproduction et là si ce sont des actions qui sont pas trop maîtrisées, on peut, on peut se poser des questions sur des effets incontrôlés qui pourraient en découler. On a quand même des exemples, on a quand même des exemples importants, notamment sur… on en a eu un bel qui concernait la myxomatose où effectivement il y a eu des manipulations qui ont été faites en parc et d'un seul coup c'est sorti du parc et ça a envahi toute la France : oui oui, en 52, la myxomatose, elle est sortie d'un parc de Sologne, où il y a un vétérinaire qui faisait des tests sur la vaccination.

Il s'interroge ensuite sur le risque d'irréversibilité, qui transformerait la contraception en stérilisation durable :

> Donc le risque il est là, c'est de dire est-ce qu'il y aurait pas à un moment donné quelque chose qui fait que ça ne soit plus sous le contrôle de l'homme… Et auquel cas, si on se retrouve à stériliser toutes les marmottes du coin c'est gênant ! Et les stériliser une bonne fois pour toutes quoi…

Enfin le produit administré pourrait avoir des effets sur les autres marmottes ou sur d'autres espèces animales, notamment les prédateurs des marmottes, explique ce même chasseur :

> La marmotte, elle est dans la chaîne alimentaire une proie et donc il y a beaucoup de prédateurs comme le renard, comme l'aigle, qui s'en nourrissent et donc…

Par ailleurs, comme on pouvait s'y attendre, le procédé de contraception a été critiqué avec virulence par certains protecteurs estimant que l'on recourait là à un artifice dans un territoire dédié à la naturalité. La contraception est le propre du médecin ou de l'éleveur : on applique donc au sauvage un procédé jusque-là réservé à l'homme et à ses animaux, de plus dans un territoire censément strictement protégé de l'intervention humaine[3]. Un membre du Cnpn réagit avec indignation et une certaine dose de provocation en rapprochant l'opération de contraception de l'idée de clonage :

> Tant qu'on y est, maintenant on a lancé le truc, on pourrait peut-être cloner les ours pour qu'on en ait… Il reste un mâle, on pourrait peut-être faire des femelles avec, enfin, on est partis dans une folie, dans un parc national où tout devrait se faire naturellement !

Si la non-intervention constitue pour les protecteurs la meilleure solution, eux aussi déclarent préférer le recours au tir, qui se rapproche davantage du type d'action des prédateurs. Autour de l'expérimentation de contraception se dessine ainsi un nouveau clivage en interne au

---

[3] Sur l'idée de dés-ensauvagement de la nature voir : Bobbé, 2004

monde de la protection de la nature. En effet, l'idée selon laquelle la nature pourrait être gérée, dans les espaces protégés comme ailleurs, éventuellement en favorisant certaines activités par exemple agricoles, constitue une régression difficilement acceptable pour les protecteurs : elle implique d'étendre à la nature une pression d'exploitation jusque-là réservée aux territoires artificialisés. Le membre du Cnpn cité ci-dessus estime ainsi que la présence des hommes dans les parcs nationaux en France constitue une concession conditionnelle, suspendue à leur discrétion et à leur modération :

> Soit les gens qui sont dans les parcs nationaux, qui font des activités, ils le font sur la pointe des pieds, en se faisant tout petits et on continuera d'accepter cette exception française où on a certaines activités à l'intérieur des parcs, soit ils veulent avoir les mêmes avantages que leurs collègues qui sont hors parc et c'est complètement impossible à les leur donner. Et à ce moment-là on va arriver à un point où on va faire une pétition en disant : « virons tous les gens qui sont dans les parcs nationaux ! ! ! » C'est ce qu'ils veulent ! ?

Il a défendu lors de l'entretien l'idée que le plateau de Charnières devait être dédié à l'évolution spontanée de la faune sauvage. La thèse selon laquelle les activités agricoles pourraient être bénéfiques pour la protection de la nature lui paraît relever d'une compromission avec les intérêts de l'exploitation et il dénie toute légitimité aux agriculteurs ainsi qu'à leurs animaux domestiques à obtenir, même très localement, ce qu'il considère comme une prééminence sur la faune sauvage :

> On découvre un jour que dans un parc national, la compétition entre les vaches, qui n'ont rien à y foutre, et les marmottes, qui sont faites pour y être, eh bien c'est au détriment des marmottes, parce que l'affaire des marmottes, c'est une compétition, dans un parc national, entre les vaches et les marmottes !

Les protecteurs purs en veulent d'autant plus aux expérimentateurs qu'ils en sont proches : appartenant globalement au monde de la protection de la nature, ils partagent les mêmes objectifs généraux, fréquentent des réseaux et des institutions proches. Les protecteurs purs admettent mal la réorientation des objectifs environnementaux vers une diminution de certaines populations animales alors qu'eux-mêmes se sont fortement impliqués dans le passé dans la protection d'espèces menacées. De manière générale, il n'est pas facile, pour des personnes depuis longtemps investies dans la protection de la nature, d'accepter l'idée de réguler des populations animales sauvages, de pratiquer, en quelque sorte, une éco-zootechnie[4] (Micoud, 1993) négative.

Du côté des agents du parc favorables à la contraception, ce type de régulation de la population de marmottes du plateau de Charnières correspond à un principe pragmatique de maximisation de la diversité biologique : ils estiment que ce principe correspond à la réalité d'un site « créé et entretenu par l'homme », plutôt qu'à un principe de naturalité qu'ils qualifient d'« un peu fantasmatique ». Ces partisans d'une conception gestionnaire qualifient alors leur propre camp de « moderne » et placent les protecteurs plus radicaux dans le camp des « vieux schnocks »[5], partisans d'une vision de la nature qu'ils estiment dépassée tant sur le plan scientifique que sur le plan politique. Pourtant, la contraception partage les agents du parc eux-mêmes ; l'un d'eux dénonce le « primat de la connaissance sur les missions premières de préservation de la naturalité qui devraient rester celle d'un parc national :

> On devient les expérimentateurs et on est associé à tous ces gens qui font des espèces de recherches de laboratoire qui utilisent le vivant pour avancer les connaissances [...] ça pose quand même le problème de : est-ce que les parcs nationaux sont des laboratoires à ciel ouvert, est-ce qu'on y fait de l'expérimentation sur du vivant ?

3.3. La dénonciation du pouvoir du parc

La contraception des marmottes suggère ainsi un nouveau clivage en interne du monde de la protection entre partisans de la gestion et partisans d'une protection stricte – ces derniers étant rejoints dans certaines de leurs préoccupations par les chasseurs et certains agriculteurs. Mais cette expérimentation renouvelle en même temps une critique ancienne des acteurs locaux à l'égard du parc. Les agriculteurs estiment en effet que cette opération, décidée et menée unilatéralement par le parc, fait peu de cas de leurs enjeux, savoirs et préférences. Elle est ressentie comme une solution « de style vétérinaire de ville » selon l'expression d'un membre du conseil scientifique du parc. La solution du tir, même si elle restait déléguée à d'autres que les agriculteurs, aurait moins dépossédé les acteurs locaux de la gestion de leurs propres problèmes, puisque l'on a vu que les agriculteurs avaient coutume, avant la création du parc, de tirer ou de piéger des marmottes. C'est bien ce qui ressort de l'exclamation spontanée d'un agriculteur :

---

4 À la différence de la zootechnie classique, vouée à l'optimisation du rendement des animaux d'élevage, il s'agit de la science de l'optimisation écologique des processus liés à la vie et la reproduction des animaux.

5 Selon l'expression d'un membre du Cnpn lui-même, anticipant les critiques à son égard.

Mais il faudrait que ça soit géré entre nous, entre nous et le parc, sans faire ameuter toute la population ! ! Tiens, allez celle-là, elle nous fait chier, allez pan !

Agriculteurs et chasseurs en particulier se sentent exclus par la décision du parc de recourir à la contraception dans la mesure où ils proposaient une autre solution, celle du tir, qui n'a pas été retenue. Ils mettent en doute l'efficacité réelle de la contraception pour réguler les marmottes : ils développent un jugement de type coût-bénéfice pour défendre l'idée que cette solution engage beaucoup de temps de travail et d'argent, pour des résultats médiocres. L'expérimentation de contraception est pour eux une preuve des dépenses indues engagées depuis longtemps par le parc autour de la présence des marmottes, sans autre résultat que de ridiculiser l'institution. Un agriculteur, indiquant la voiture de service du Cemagref avec laquelle nous nous étions déplacées pour le rencontrer, a suggéré que cette enquête elle-même participait d'une dépense indue consentie par le parc et plus généralement par l'État autour de cette affaire de marmottes – argent qui serait mieux utilisé à aider directement l'agriculture de montagne.

De même, l'objectif de recherche scientifique soutenant l'expérimentation de contraception a été critiqué par certains garde-moniteurs du parc. Depuis plusieurs années déjà, les études menées par le parc en collaboration avec le laboratoire lyonnais sur les marmottes de Prapic avaient laissé à certains d'entre eux l'impression d'avoir été oubliés, si ce n'est instrumentalisés au profit d'objectifs qui ne sont pas les leurs : elles auraient permis de publier des résultats de recherche au lieu de répondre aux problèmes concrets de cohabitation qui se posent sur le terrain, et dont les agriculteurs ne manquent pas de se plaindre à la moindre occasion lors des contacts qu'ils peuvent avoir avec les agents de terrain. Selon certains garde-moniteurs, ces études satisferaient avant tout une optique de valorisation professionnelle poursuivie par les scientifiques, voire par certains responsables du parc. L'expérimentation de contraception se situe alors pour eux dans la continuité de ces études qui ont fait du site de Prapic un véritable « spot d'études à marmottes ». La contraception donnerait avant tout l'occasion à ses promoteurs de se divertir et de prendre du bon temps, sans permettre de faire mieux cohabiter marmottes et agriculteurs et d'arranger au quotidien des rapports difficiles entre ces derniers et les représentants du parc sur le terrain.

Bilan

L'expérimentation de contraception de marmottes et le dispositif national de suivi de la population de loups témoignent de l'évolution des pratiques et du quotidien des professionnels de la nature que sont les agents d'un parc national et les agents de l'Oncfs, chargé du dispositif loups. L'idée de gestion de la biodiversité affecte en effet tout à la fois les répertoires d'action de la protection de la nature, les identités professionnelles et sociales de ses acteurs, les significations culturelles et politiques véhiculées ainsi que les types de natures qui en ressortent. Ces deux exemples montrent très bien le type de « structures de pouvoir à petite échelle, disséminées » (Junqing, 2009) qui reconfigurent le rapport au vivant sauvage (autour ici de sa traçabilité) et sont constitutives des micropolitiques de la biodiversité. L'expérimentation de contraception de marmottes est particulièrement intéressante dans la mesure où elle témoigne de ces changements au sein même d'une institution qui est souvent considérée comme le bastion d'une conception classique de la protection de la nature, basée sur le modèle de la sanctuarisation – les parcs nationaux. C'est donc aussi une nouvelle nature qui émerge, dans laquelle les animaux sauvages se trouvent tracés, gérés et de plus en plus étudiés.

Or les réactions à l'expérimentation de contraception des marmottes montrent en même temps les limites de ces changements. On n'est pas dans un effacement généralisé des frontières entre protection et exploitation, sauvage et domestique, naturel et artificiel. Bien au contraire, certains acteurs continuent à souhaiter protéger la nature sauvage en la mettant à l'abri de l'homme, et d'autres à souhaiter exploiter les ressources naturelles sans se soucier des animaux sauvages qu'ils ne voient que comme une entrave à leur travail. La présence d'agriculteurs continue ainsi d'être considérée par certains protecteurs comme un obstacle à surmonter pour atteindre leur idéal de naturalité qui serait la véritable mission du parc national. Tandis que les protecteurs gestionnaires envisagent volontiers de soutenir des pratiques agricoles qui tendraient à disparaître faute de rentabilité si elles leur paraissent contribuer à la biodiversité, pour les anti-gestionnaires, l'idée de concilier sur un même espace activité agricole et faune sauvage est inadmissible : ils souhaitent au contraire instaurer des îlots de nature laissée à elle-même, quitte à intensifier ailleurs l'exploitation des ressources naturelles. Les anti-gestionnaires n'entendent nullement recourir à l'agriculture pour mieux conserver la biodiversité : ils ne voient aucun inconvénient, tout au contraire, à ce que des milieux façonnés par l'homme se transforment avec l'avancée spontanée de la friche puis de la forêt[6]. Les partisans de la gestion de la biodiversité, par exemple les promoteurs de la contraception, se détachent en revanche des positions conflictuelles des protecteurs radicaux comme de celles des exploitants : las de la confrontation entre protecteurs et agriculteurs, ils sont séduits par un principe expéri-

---

6 Sur cette controverse autour de la gestion de la nature voir : Génot, 2003 ; Parizeau, 2006 ; Schnitzler, Genot, et Wintz, 2008.

mental qui vise à concilier protection et exploitation, la nature et les agriculteurs et les autres usagers des ressources naturelles.

L'opération de contraception constitue ainsi un authentique laboratoire social d'expérimentation d'un nouveau rapport à une nature gérée, dont elle montre à la fois les contours et les limites. Il convient ici de rappeler que cette controverse autour de la gestion de la nature au nom de sa préservation n'est pas entièrement nouvelle. Dès avant la création des parcs nationaux, des interventions visaient à réintroduire des espèces animales menacées d'extinction dans certains massifs. Dès le début du 20e siècle, des bouquetins capturés dans le massif italien du Grand Paradis ont ainsi été transférés en Suisse pour reconstituer des populations, qui ont elles-mêmes permis de fournir des individus colonisateurs à de nombreuses régions alpines. Ces interventions actives sur les animaux, puis sur les plantes et les milieux, se sont multipliées à partir de la seconde moitié du 21e siècle (de Planhol, 2004). Leurs objectifs se sont par ailleurs diversifiés, visant en certains cas à restaurer une situation antérieure jugée préférable, et en d'autres à maintenir l'état présent en bloquant des évolutions spontanées (Mauz, 2003). Un savoir-faire s'est ainsi progressivement constitué quant à la manipulation des animaux sauvages – une éco-zootechnie. On a appris à capturer, transporter, relâcher et dans certains cas élever des animaux sauvages dans le but de reconstituer des populations. Cette dynamique de technicisation s'est accompagnée d'une reformulation de l'injonction d'écologisation autour des nouvelles techniques elles-mêmes : des règles ont vu le jour et des chartes ont été rédigées qui précisent les conditions dans lesquelles des réintroductions, par exemple, peuvent être entreprises. Aujourd'hui, le recours à la contraception, à la traçabilité et à divers outils génétiques, biostatistiques et plus largement technologiques, constituent un pas supplémentaire et montrent que la protection de la nature est de plus en plus conçue en termes de gestion de la biodiversité. Les nouvelles techniques de gestion participent alors de la constitution d'une éco-zootechnie de plus en plus sophistiquée aux mains d'experts gestionnaires de la nature qui travaillent en lien souvent étroit avec des chercheurs et des laboratoires de recherche.

DEUXIÈME PARTIE

MÉTIERS ET PROFESSIONNELS DE LA NATURE

L'EXPERT ET LE MÉDIATEUR

Mais qui sont plus largement les professionnels de la nature ? Dans quelles structures œuvrent-ils, quels types d'activités déploient-ils, quelles sortes d'identités développent-ils ? Quel(s) rôle(s) jouent-ils dans le développement d'un modèle de gestion de la biodiversité ? Quelle part ont-ils dans le rapprochement avec les exploitants traditionnels des ressources naturelles, les agriculteurs notamment, avec lesquels les protecteurs ont été en conflit ouvert des années durant ? Comment vivent-ils la technicisation et la scientifisation de la protection de la nature ?...

Ce troisième chapitre est consacré à brosser le portrait des institutions, des métiers et des professionnels de la nature à l'heure de la gestion de la biodiversité. Ici encore, le portrait résiste à la généralisation. Certes, la montée d'un modèle gestionnaire s'accompagne d'une montée globale des revendications d'expertise qui marquent les stratégies institutionnelles et les identités professionnelles, et qui remplacent de plus en plus les revendications militantes ou corporatistes des anciens protecteurs. Mais les acteurs et les institutions actifs dans le domaine de la protection sont multiples, divers, et traversés de clivages internes. Les manières mêmes de recourir à l'expertise dans le domaine de la protection de la nature sont diverses, et ne se laissent pas résumer dans un modèle unique ou une recette toute faite : entre expertise *intuitu personae*, comités consultatifs, batteries d'indicateurs et dispositifs consultatifs, le bricolage et l'hétérogénéité dominent dans le recours aux savoirs pour la protection de la nature. Les gestionnaires sont eux-mêmes tendus entre une revendication de technicité et de rationalité de leurs métiers, qu'ils estiment être devenus de « vrais métiers », et un discours sur la vocation et la passion pour la nature ; tandis que certains correspondent à un profil d'expert, d'autres, de plus en plus nombreux, illustrent la montée d'un profil de médiateur et d'animateur de réseau[1].

Un trait cependant ressort de ce paysage social et institutionnel bigarré de la protection de la nature : en se faisant gestion de la biodiversité et en recourant au registre de l'expertise, la protection s'est ouverte à un nombre croissant d'acteurs divers et de structures variées, initialement éloignés de la préoccupation pour la protection de la nature. Agriculteurs, mais aussi chasseurs, pêcheurs, professionnels du tourisme, élus locaux et d'autres encore estiment détenir une forme d'expertise des milieux naturels dans lesquels ils déploient leurs activités et revendiquent à ce titre un rôle de cogestionnaire de la biodiversité, à côté des acteurs et des structures classiques de la protection que sont les parcs, les réserves, les conservatoires, les associations ou encore les services dédiés des Directions régionales de l'environnement, de l'aménagement

[1] Voir aussi : Granjou et Mauz, 2007 ; Granjou, Mauz et Cosson, 2010a et b.

et du logement[2]. Au mouvement de technicisation des registres d'action des protecteurs répond un mouvement symétrique d'écologisation des formes d'action de nombreux acteurs et structures qui s'investissent désormais, par le biais de l'expertise, dans des actions de protection de la nature. Ce chapitre montre ainsi que les micropolitiques de la biodiversité correspondent à une dynamique de « technoécologisation », qui recouvre un double mouvement de technicisation des pratiques de protection de la nature, et d'écologisation d'activités et d'institutions non dédiées à la protection.

---

2 Les Dreal ont repris les fonctions des anciennes Diren (Directions régionales de l'environnement).

CHAPITRE 4

Un impératif scientifique

La préoccupation pour la protection de la nature se développe aujourd'hui non pas dans un secteur dédié, mais dans une diversité de structures et d'activités sectorielles (agriculture, chasse, pêche, foresterie...) qui revendiquent connaître et contribuer à gérer les milieux naturels. Ces nouveaux acteurs de la protection de la nature partagent avec les acteurs classiques de la protection (parcs, réserves, associations...) un positionnement sur le registre de l'expertise scientifique et technique, de la connaissance des milieux et des êtres naturels et des modes d'action contribuant à leur conservation. De même que les associations de protection de l'environnement ont abandonné depuis les années 1980 le registre militant pour un registre de cogestion et de participation à l'administration des milieux et des territoires, les agriculteurs, les pêcheurs, les chasseurs et d'autres encore se placent aujourd'hui sur le terrain de la connaissance et du savoir-faire écologiques plutôt que sur celui de la revendication corporatiste et du conflit. Or si la transition des modes de militantisme environnemental vers des revendications d'expertise est bien documentée dans la littérature (Lascoumes, 1994 ; Ollitrault, 2001 et 2008)[1], ce mouvement d'écologisation des structures sectorielles d'exploitation et d'usage des ressources naturelles l'est nettement moins. C'est en effet un mouvement difficile à cerner car il renvoie à une dynamique trans-sectorielle et à une diversité de situations et d'enjeux selon les différentes structures et les activités concernées. Cette dynamique d'écologisation est cependant particulièrement significative de la manière dont les préoccupations pour la protection de la nature s'affirment et s'institutionnalisent aujourd'hui dans la société : non pas de manière ciblée dans une institution spécifiée ou un secteur dédié mais par circulation et ramification dans un grand nombre de secteurs et d'institutions classiques, qu'elles contribuent à teinter et à redessiner de manière plus ou moins profonde, en lien d'ailleurs avec d'autres tendances lourdes qui pèsent aussi sur les institutions publiques

1 Sylvie Ollitrault décrit par exemple le déclin de certains outils de revendication typiquement militants, comme les manifestations au profit d'autres techniques comme les pétitions, notamment les pétitions de savants, qui relèvent plutôt d'une question d'expertise.

comme la diminution des budgets ou l'exigence croissante de compte rendu.

4.1. Paysage institutionnel

Les structures prétendant agir aujourd'hui dans le domaine de l'environnement, loin de se limiter aux acteurs classiques de l'environnement tels les administrations spécialisées, les gestionnaires d'espaces protégés ou les associations de protection de l'environnement, sont extrêmement diverses, par leur taille, leur ancienneté, leurs orientations ou encore leur statut. On trouve par exemple parmi elles des associations d'usagers exerçant des activités professionnelles ou non (pastoralisme, chasse, pêche), un établissement public à caractère industriel et commercial comme l'Onf, des collectivités locales (le conseil général, l'espace Mont-Blanc…), ou des bureaux d'étude privés[2].

Trajectoires institutionnelles

Écologisation versus technologisation

Il est possible de distinguer deux grands types de trajectoire caractérisant ces différentes structures : une trajectoire de technicisation et une autre d'écologisation. La trajectoire de technicisation désigne également une trajectoire de spécialisation : des institutions anciennement actives dans le domaine de la protection de la nature par la voie de la sensibilisation, de l'éducation ou autre, se mettent à développer des actions de production de connaissances (inventaires, suivis, bases de données…) qui en viennent à occuper une place centrale dans leur activité ainsi que dans leur présentation d'elles-mêmes. Cette trajectoire de spécialisation et de technicisation concerne d'abord des associations de protection de l'environnement qui ont historiquement développé des répertoires d'action variés comme la sensibilisation, l'éducation à l'environnement ou l'action juridique, et qui s'attachent désormais à développer une offre d'expertise plus ou moins spécialisée sur certains objets ou espaces, à destination des administrations ou des collectivités locales. C'est le cas notamment de la Frapna (Fédération Rhône Alpes de protection de la nature) ou encore de la Lpo (Ligue de protection des oiseaux). La Lpo a

---

[2] L'enquête a été réalisée dans le département de la Haute-Savoie à la fin de l'année 2005, commanditée par l'association de gestion des réserves naturelles de Haute-Savoie. La Haute-Savoie possède certaines spécificités, notamment le poids des pressions touristiques et foncières ainsi que la densité du réseau associatif environnemental ; pour autant, les principaux résultats obtenus sont valables à un niveau national – d'autant que plusieurs des institutions enquêtées sont régionales (Diren : Direction régionale de l'environnement, devenue Dreal ; Frapna : Fédération Rhône Alpes de protection de la nature), voire internationales (association Mountain Wilderness).

par exemple candidaté pour conduire des inventaires et des suivis dans le cadre de la sélection de sites pour le classement Natura 2000. Cette trajectoire de spécialisation se retrouve également chez des gestionnaires d'espaces protégés qui développent, à côté des actions de gestion à proprement parler, des techniques de mise à disponibilité de connaissances de plus en plus sophistiquées, dont notamment d'importantes bases de données naturalistes.

Le deuxième type de trajectoire est une trajectoire d'écologisation qui caractérise des structures dédiées traditionnellement à des activités d'exploitation des ressources naturelles (pêche, chasse, agriculture, foresterie). Or cette écologisation des acteurs et des pratiques d'exploitation s'accompagne également de la revendication d'un savoir spécialisé au sujet des êtres de nature concernés par l'exploitation (faune aquatique, gibier, flore, forêts…). Les activités de pêche, de chasse, de culture sont l'occasion d'une fréquentation des êtres de nature qui justifie dès lors leur connaissance et donc légitime le statut d'expert des acteurs – agriculteurs, pêcheurs, chasseurs, forestiers. De même, nombre d'usagers de l'espace rural revendiquent des formes d'expertise écologique en s'appuyant sur leur fréquentation quotidienne des milieux et des êtres de nature pour apporter une nouvelle légitimité à des activités qui s'avèrent plus ou moins sévèrement critiquées : c'est tout particulièrement vrai de la chasse[3].

L'Office national des forêts constitue un exemple intéressant de la trajectoire d'écologisation. Dans un contexte de réduction de la rentabilité de la filière d'exploitation du bois, l'Onf s'est en effet orienté vers des activités comme l'« arbre-conseil » (diagnostic porté sur des arbres plantés dans les lieux publics) et revendique une expertise dans le domaine de la forêt et de ses aménagements de loisir à destination des collectivités locales. Comme l'explique le responsable du bureau d'études de l'agence départementale de l'Onf en Haute-Savoie, la priorité est alors donnée aux objectifs de suivi écologique et de protection sur les objectifs d'exploitation du bois ou des alpages :

> On crée maintenant de plus en plus ce qu'on appelle des réserves ou des séries écologiques, dans nos aménagements forestiers. [Ça consiste en quoi ?] En fait à gérer la forêt uniquement par rapport à cet objectif de protection

[3] Cette affirmation d'un statut de « spécialistes par expérience » met en actes le débat qui a traversé les STS au début des années 2000, débat suscité par l'article de Collins et Evans (2002) sur la « troisième vague de sociologie des sciences » paru dans *Social Studies of Science*. Les auteurs y proposaient, outre de rétablir une légitimité politique spécifique liée à la détention d'expertise (à la différence des travaux s'étant attachés à montrer la légitimité de l'ouverture de la décision politique à des non-spécialistes), de redéfinir la notion d'expertise pour l'élargir au-delà du cercle des scientifiques en direction des praticiens ; ils proposaient de parler en termes d'expérience spécialisée acquise plutôt que d'expertise.

> d'un milieu naturel ou d'une espèce. [Sans objectif par rapport à la filière bois ?] Les objectifs forestiers classiques comme les coupes de bois deviennent secondaires. [Il n'y a pas d'objectif économique ?] Non, la priorité définie sur ce secteur-là c'est donc la protection soit des milieux soit des espèces.

Le cas de la Fédération départementale de pêche, impliquée dans des programmes d'études sur les truites autochtones et sur les écrevisses, est également représentatif de la montée d'un registre d'action relevant de la connaissance et de la protection des milieux aquatiques au-delà d'une mission d'organisation de la pêche, comme l'explique le président de la fédération départementale de pêche :

> Avant c'était plutôt mettre du poisson pour mettre du poisson, alors que maintenant on a une gestion du milieu plus scientifique et mieux adaptée.

Cette orientation vers la production de connaissances sur les milieux et les êtres vivants dans un objectif de protection a d'ailleurs été officialisée dans certains cas : elle est intégrée dans les statuts officiels des fédérations de pêche et de chasse, qui incluent désormais un rôle de protection et de connaissance respectivement des milieux aquatiques (depuis 2007) et de la faune sauvage (depuis juillet 2000). Ainsi, la Fédération départementale des chasseurs de Haute-Savoie joue un rôle essentiel dans le suivi de la grande faune sauvage et de certains oiseaux (comme le tétras lyre). Enfin, le conseil général de la Haute-Savoie, même s'il ne s'agit pas au départ d'une institution sectorielle, témoigne également d'une volonté inédite de se positionner dans le domaine de l'action environnementale en animant par exemple une entreprise de recensement des espaces à l'échelle départementale (le schéma départemental des espaces naturels sensibles).

Pour les institutions sectorielles, comme pour les professions et les usagers de l'espace rural, la revendication d'expertise écologique représente un passage obligé pour revendiquer une existence dans le domaine de la protection et s'affirmer de cette manière comme professionnels de la nature. On peut ainsi dire que la logique d'écologisation et celle de technicisation ou de spécialisation non seulement marchent de concert mais se nourrissent aussi mutuellement.

Les ressources de l'expertise des institutions

Il y a peu encore, les structures considérées n'étaient pas nécessairement en mesure de se présenter comme des porteurs d'expertise écologique. Elles se sont efforcées de devenir de véritables professionnels de la nature en empruntant, souvent simultanément, deux grandes voies : la spécialisation des hommes et la sophistication des techniques. Asters, l'association qui gère les réserves naturelles en Haute-Savoie, coordonne par exemple un programme international de réintroduction du gypaète barbu dans les Alpes (sexage des parents par caryotype, incubation des œufs), qui offre un nouvel exemple significatif de l'emploi montant à des techniques sophistiquées d'intervention sur la nature au nom de sa protection. Les structures qui veulent être reconnues dans le domaine de la protection de la nature ont aussi accompli un travail de reconversion de leurs anciens membres et recourent de manière ponctuelle ou permanente à des spécialistes souvent très diplômés[4].

Dans le cas des structures « écologisées », certaines personnes ont intégré ces structures avant qu'elles ne s'engagent explicitement dans la protection de la nature. Il s'agit alors de les convaincre que l'étude, la gestion et la protection de la nature représentent une part importante de leur mission. La formation continue est l'un des moyens par lesquels les structures depuis peu investies dans le domaine de l'environnement s'efforcent de convertir leurs anciens salariés et de les amener à employer un vocabulaire et à adopter des pratiques plus conformes aux nouvelles ambitions et à la nouvelle présentation de ces structures, comme le note un salarié de la fédération départementale des chasseurs :

> Le catalogue de formation pendant très longtemps tournait vraiment autour de la gestion de la faune, des suivis de populations, etc. et aujourd'hui on voit très bien que cette partie-là qui est, j'allais dire quasiment acquise, [...] ça roule bien...

Les grosses structures ont pu spécialiser certains de leurs salariés dans la protection de la nature. C'est le cas de l'Onf, qui a profité de la réorganisation de ses services en 2002 pour flécher certains agents sur l'environnement. Tandis qu'une partie du personnel ne s'occupe plus que de coupes, ou d'aménagements, une autre se consacre à temps complet à l'étude de l'environnement et à sa prise en compte dans les pratiques sylvicoles, ou encore à des opérations d'animation et de communication autour de l'environnement. La spécialisation est allée très loin, puisque l'Office peut aujourd'hui se targuer d'avoir des spécialistes des insectes et des oiseaux.

Cependant, le souhait d'acquérir une expertise accrue dans le domaine écologique amène souvent à s'adjoindre le concours de personnes plus qualifiées ou plus spécialisées que celles déjà en place. Ce concours peut être ponctuel, durable et même permanent, lorsque de nouveaux salariés sont embauchés dans le cadre d'un contrat à durée indéterminée. Quelle que soit la structure, le recours aux stagiaires apparaît extrême-

---

4 Ce constat rejoint l'analyse que fait Sylvie Ollitrault (2001) des trajectoires individuelles de mobilisation associative, dans lesquelles elle constate l'importance grandissante de compétences professionnelles spécifiques mises à profit par les individus (chercheurs, enseignants en écologie par exemple) dans leur engagement associatif.

ment répandu, sinon systématique. Si les stagiaires sont, par définition, peu expérimentés, et s'ils restent rarement plus de quelques mois dans une structure donnée, la force de travail qu'ils représentent est très avantageuse du fait de sa souplesse et de son très faible coût en dépit d'une formation souvent poussée. Aussi les étudiants inscrits dans des formations orientées vers l'environnement constituent-ils un abondant vivier dans lequel les structures prétendant agir au nom de la protection puisent de manière massive, en fonction de leurs besoins, comme en témoigne un salarié du parc naturel régional des Bauges :

> On a fait travailler des stagiaires également là-dessus, sur la carte de végétation, il y a eu au moins six stagiaires qui se sont succédé, stagiaires ingénieurs... encadrés par X [professeur d'écologie et de sociologie forestière] une référence dans le domaine, de l'Engref.

Cependant, certains problèmes ou projets ne peuvent être confiés à des stagiaires, parce que leur durée excède la durée habituelle des stages ou parce que leur traitement requiert de l'expérience et du savoir-faire. Si leurs membres manquent des compétences requises ou de temps et si elles en ont les moyens, les structures environnementales financent l'intervention d'un spécialiste. De même que pour les stages, où les candidatures sont nombreuses, il semble assez facile de recruter des collaborateurs pour une durée limitée, les propositions d'emploi suscitant généralement de très nombreuses candidatures, même dans le cas où une formation de niveau supérieur est requise. Un salarié de la fédération départementale des chasseurs témoigne :

> Le Cdd qu'on a eu de 18 mois pour travailler sur le schéma, on a eu 350 candidatures, et tout des gens qui avaient un niveau de formation supérieure assez impressionnant.

Les structures recrutent aussi des salariés pour des durées pluriannuelles et quelquefois indéterminées. Certaines d'entre elles, assurées de disposer à l'avenir de financements suffisants, peuvent se permettre de créer des emplois pérennes. Elles embauchent alors des personnes très qualifiées, qui apportent des compétences jusque-là manquantes et dont l'arrivée accrédite l'engagement de la structure dans l'action de protection de la nature. Pour s'occuper de son tout nouveau service Gestion de l'espace, la Société d'économie alpestre (Sea), dédiée à l'accompagnement des éleveurs de montagne, emploie ainsi un jeune diplômé dont le niveau et le type de formation lui permettent de confirmer sa volonté de et sa capacité à intégrer des préoccupations de protection dans son approche du pastoralisme :

> Le jeune qui s'occupe de ça c'est un jeune Isara [Institut supérieur d'agriculture Rhône-Alpes] qui est formé à ces approches plus particulières qui sont quand même, qui requièrent des compétences spécifiques ou des

approches spécifiques des milieux, plus que uniquement pastorales, ça on savait faire.

Grâce aux aides publiques à l'emploi, des structures aux moyens limités sont elles aussi parvenues à s'engager dans la voie de la professionnalisation et à salarier des personnes fortement qualifiées, comme l'exprime le président de la Frapna Haute-Savoie :

> Alors ils sont entre bac + 3 et bac + 5, de Bts à Dess, Dea, Dess, donc on a des Bac +5 emplois jeunes smicards, donc ils ont un excellent niveau de formation, qui donne très mauvaise conscience !

Une autre solution consiste à obtenir le concours d'universitaires sur des questions précises. La situation de structures comme les parcs, qui comportent un comité scientifique, leur permet de réunir régulièrement un ensemble de chercheurs appartenant à des disciplines variées qu'elles peuvent mobiliser sur les sujets qui les préoccupent. Le premier parc national créé en France – le parc de la Vanoise fondé en 1963 – s'est ainsi appuyé sur un comité scientifique animant des travaux de recherches orientés non seulement vers des activités d'inventaire de la faune et de la flore mais aussi vers des questions plus fondamentales de compréhension des mécanismes biologiques (Mauz, 2005 ; Selmi, 2006). Dans son activité de gestionnaire des réserves naturelles, Asters peut elle aussi s'appuyer sur le comité scientifique des réserves naturelles de Haute-Savoie, qui existe depuis longtemps (1978). Mais des structures dénuées de comité scientifique parviennent aussi à établir des collaborations avec les milieux de la recherche. C'est notamment le cas de la Fédération départementale de pêche, dont les responsables ont établi un partenariat ancien avec des hydrologues de l'Inra de Thonon et, plus récemment, une collaboration avec des généticiens de l'Inra de Paris :

> Si on a besoin de génétique on passe une convention avec l'Inra de Paris et ils nous font la génétique de tout ça…

Pour les institutions sectorielles, comme pour les professions et les usagers de l'espace rural, la revendication d'expertise écologique représente un passage obligé pour revendiquer une existence dans le domaine de la protection et s'affirmer de cette manière comme professionnels de la nature. La logique d'écologisation et celle de technicisation se nourrissent bien ainsi mutuellement.

Entre impératif délibératif et impératif scientifique

Cette revendication d'expertise écologique répond à la fois à une nécessité économique – il s'agit d'obtenir des financements et de se positionner sur un marché en déployant un monopole de spécialité – et à une visée de légitimation politique. Le statut d'expert permet en effet aux différentes structures de se présenter comme des interlocuteurs crédibles, et notamment de prétendre dépasser les affrontements classiques entre protecteurs et exploitants des ressources naturelles. L'expertise tend alors à fonctionner comme une sorte de label, condition d'accès à l'action et aux négociations collectives ainsi qu'à divers dispositifs d'action concertée.

Un marché de l'expertise naturaliste

En effet, les diverses procédures de désignation de sites d'intérêt écologique (Znieff – zone naturelle d'intérêt écologique, faunistique ou floristique, sites Natura 2000...) ainsi que la réactualisation de l'obligation faite aux aménageurs de réaliser une étude d'impact par la loi sur la Responsabilité Environnementale de 2012[5] contribuent à alimenter une sorte de marché de l'information naturaliste. Les administrations publiques financent des bureaux d'études mais aussi des associations ou d'autres structures en échange de la fourniture de données descriptives ou de la réalisation d'études *ad hoc*. L'exemple de la procédure Natura 2000 est significatif de cette dynamique de production de connaissances naturalistes : à la suite d'une étape de désignation des sites, reposant sur l'agrégation de données en partie déjà disponibles, en partie issues de nouveaux inventaires, la réalisation des documents d'objectifs (DocOb) détaillant les objectifs de gestion et le suivi de ces objectifs relancent encore, à une échelle toujours plus fine, l'exigence de connaissance. Enfin, dans les sites Natura 2000, tout projet d'aménagement est soumis à une obligation d'évaluation des incidences sur le milieu.

C'est sur ce marché de la connaissance naturaliste que les professionnels de la nature souhaitent se positionner. Une structure comme Asters vise à assumer une fonction routinisée de conseil technique auprès des collectivités locales sur les problématiques de milieux sensibles ou d'espèces protégées :

> Demain, si vous voulez, il faut qu'on puisse être le conseiller technique des communes, du département, sur cette problématique des milieux naturels. C'est-à-dire si elles ont des questions, des interrogations, sur, par rapport à la gestion d'un espace, d'une prairie, savoir s'il y a une espèce protégée chez elle ou pas, qu'elles puissent naturellement faire appel à Asters.

Or du fait qu'il existe des structures plus anciennement dédiées à la protection (bureaux d'études, conservatoires, parcs), la volonté de certains autres acteurs de s'affirmer dans ce domaine (comme les fédérations de chasse, de pêche, l'Onf, mais aussi des associations environnementales anciennes qui souhaitent développer des capacités d'expertise)

[5] Cette obligation existe depuis 1976 mais n'est que très rarement respectée.

contribue à une véritable situation de concurrence sur ce marché de la connaissance écologique. Les associations les plus importantes et dont la vocation gestionnaire est ancienne détiennent un avantage lié à leur visibilité. Asters est ainsi une association qui s'est, dès sa création en 2000, consacrée à ce type d'activités de production de connaissances naturalistes au détriment de toute vocation militante. Elle est aujourd'hui maîtresse d'œuvre sur de nombreuses démarches officielles importantes (réalisation d'un Schéma des espaces naturels sensibles, d'un inventaire des zones humides...). Un membre de la Frapna, commentant le poids d'Asters comme pourvoyeur d'expertise écologique, révèle la dynamique de concurrence à l'œuvre sur ce marché :

> Ça [l'entrée en jeu d'Asters] a créé une masse critique pour le secteur études et expertise extrêmement importante et qui peut nous écraser du jour au lendemain s'il le veut, parce qu'évidemment en tant qu'association non militante c'est plus facile pour elle, c'est un peu plus facile de générer des activités marchandes.

Le positionnement dans la réalisation d'études ou dans le conseil technique vise d'abord à pallier des manques financiers qui pèsent autant sur les associations que sur certains gestionnaires des ressources naturelles. Revendiquer une spécificité dans les objets de connaissance et/ou de gestion place alors son détenteur dans une situation de monopole non contesté pour réaliser certaines études ou fournir des avis :

> Le secteur sur lequel on est en pointe c'est les corridors biologiques (le président de la Frapna).

> Nous, notre action est limitée au bassin du lac et personne ne s'occupe d'urbanisme sauf nous. (le président de l'Alae)[6].

> La connaissance [...] petit gibier de montagne, elle est vraiment au sein des organismes cynégétiques au jour d'aujourd'hui (un salarié de la fédération des chasseurs).

La Lpo se démarque par sa spécialité oiseaux, Asters par sa connaissance de la flore, des habitats et des milieux, la Sea comme spécialiste des pratiques agro-pastorales, suivant une logique de distinction des compétences d'objet classique dans les processus de spécialisation au sein des disciplines scientifiques. Le respect des prérogatives spécifiques des concurrents est alors la condition de bonnes relations réciproques, comme le rappelle un membre de la Frapna :

> [La gestion] des milieux non, c'est la prérogative d'Asters et on va pas aller marcher sur leurs plates-bandes, ça serait un *casus belli* !

---

[6] Association de protection du lac d'Annecy.

En réalité, le partage des compétences et des domaines d'action n'est pas toujours aussi clairement établi, en particulier pour les études concernant les milieux, relevant des prérogatives d'Asters mais sur lesquelles la Frapna affirme également des compétences. Toutefois, la reconnaissance des compétences et des objets de connaissance spécifiques de chacun, sans phénomènes d'empiètement, ouvre une possibilité de travail en commun, au travers d'échanges de données plus ou moins formalisés, comme l'explique un membre d'Asters :

> Nous on s'occupe pas des oiseaux, quand on a des données sur les oiseaux on leur file, quand ils ont des données sur la flore et les milieux ils nous les filent. Donc ça marche bien.

Ce type de division des tâches a parfois permis la collaboration de structures d'ordinaire peu enclines à travailler ensemble, comme cela a été le cas pour l'élaboration des mesures agro-environnementales où ont participé les représentants agricoles, des associations de protection et de gestion de l'environnement (Asters et la Frapna) ainsi que la Fédération de chasse, sur un principe de partage des domaines de compétence et de connaissance naturaliste, « les agriculteurs s'attachant plus à l'aspect agricole, Asters et Frapna sur les aspects floristiques et purement de biotopes, et nous sur la faune et le biotope » (un salarié de la Fédération des chasseurs)[7].

L'expertise comme condition d'accès aux négociations collectives

Mais le positionnement comme prestataire d'études ou de conseil technique vise aussi à se faire valoir en tant qu'interlocuteur dans les arènes de négociations collectives. L'expertise permet alors aux institutions de la protection un gain de crédibilité qui constitue une ressource de légitimation pour se faire entendre. Le statut d'expert (producteur d'études) conditionne donc la possibilité d'existence à la fois économique et politique, comme le note le président de la Frapna :

> On vit de plus en plus à la fois politiquement et puis pour payer le salaire de nos salariés sur ce qu'on appelle, nous, le secteur études [...] ce secteur étude il est primordial pour nous parce que c'est ce qui nous permet d'être écoutés et d'être un interlocuteur notamment des services de l'État et du département, plus des services de l'État que du département.

Le registre de l'expertise permet de prendre ses distances avec un registre d'action et d'expression militant. Pour les acteurs traditionnels de la protection, il s'agit de démontrer que l'on n'est plus en position de

---

7 Cette collaboration peu commune renvoie également à une situation particulière à la Haute-Savoie, où le poids des pressions foncières et touristiques a contribué à la formation d'une sorte de front commun pour l'environnement.

militantisme environnemental, tandis que pour les « nouveaux » professionnels de la nature que certains agriculteurs affirment constituer, il s'agit de démontrer que l'on n'est plus dans la seule défense des intérêts professionnels ou sectoriels. Il s'agit dans les deux cas de témoigner d'un dépassement de la logique d'affrontement qui prévalait classiquement entre tenants et détracteurs de la protection de la nature. Une association comme la Frapna souhaite ainsi se défaire d'une image jugée trop militante pour revendiquer une posture intermédiaire entre les contestataires purs et les « para-administratifs » :

> On est plus dans une logique de concertation, sachant que c'est pas pour autant, parce qu'on fait de la concertation qu'on doit être d'accord sur tout et qu'on doit refuser la confrontation quand il le faut, mais il faut que la confrontation ait un sens, il faut avoir épuisé la négociation.

Les acteurs des associations cherchent à passer du statut d'écologiste à celui d'écologue (Drouin, 1991) afin de gagner en crédibilité. Lorsqu'il s'agit de s'opposer à des arrêtés préfectoraux ou des décisions d'élus, une association comme la Lpo peut décider, en dernier recours, de faire appel au tribunal, mais alors c'est encore en mettant à distance le discours idéologique ou militant pour endosser un rôle de contrôle du respect de la législation, comme l'explique un salarié de l'association :

> Après je dirais que contrairement au militantisme comme on l'entendait il y a quelques années, où c'est vrai que les associations avaient des positions de principe, des positions fortes, nous aujourd'hui on s'efforce de raisonner par rapport à des arguments juridiques : c'est-à-dire essentiellement la loi de 1976, les espaces protégés, etc.

Asters estime quant à elle qu'un recours au tribunal n'est pas de son ressort :

> Nous on n'y est pas favorable [à une décision d'aménagement], on donnera pas un avis favorable au préfet mais en dernier lieu c'est l'État qui dit « j'accepte ou j'accepte pas » et après c'est pas à nous d'aller devant le tribunal, mettre le mec devant le tribunal : on est techniques nous, on n'est pas militants de la protection de la nature.

Plutôt qu'à une transition massive d'un répertoire de la contestation à celui de l'expertise para-administrative, on constate cependant l'existence d'un continuum de positionnements, certaines associations se positionnant quasi uniquement sur le registre de l'expertise et de la gestion (Asters), d'autres sur celui de la contestation et du recours au droit (comme l'association lac d'Annecy environnement, qui se positionne dans la lutte contre l'urbanisation galopante des rives du lac), et d'autres encore jouant à divers degrés de ces différents répertoires en fonction des circonstances (Frapna, Lpo).

S'affirmer comme experts de la nature permet aux gestionnaires des espaces protégés de se démarquer d'une position conflictuelle liée à une politique de sanctuarisation de la nature (ou interprétée comme telle). On a vu, dans le cas de la contraception des marmottes, le positionnement d'un ensemble d'acteurs notamment du parc en faveur de la gestion de milieux faiblement anthropisés plutôt qu'en faveur d'une vision qualifiée de fantasmatique et de dépassée de protection d'une nature censément vierge. Il s'agit alors aussi d'inventer de nouvelles formes d'intervention sur des espaces de nature ordinaire[8], jusque-là exclus des prérogatives de protection, et de trouver des terrains d'entente avec les élus locaux ou les habitants – comme par exemple avec le Schéma de gestion des espaces naturels sensibles pour le Conseil général de Haute-Savoie, ou le Schéma de développement durable du syndicat mixte Espace Mont Blanc.

L'affirmation dans le registre de l'expertise écologique s'accompagne donc d'une perspective d'atténuation des conflits entre protecteurs et exploitants, mais il s'accompagne aussi de nouvelles lignes de clivage. On l'a vu avec le cas de la contraception de marmottes : les positions de certains agents du parc et de certains agriculteurs se rejoignent sur certains aspects tandis que le monde de la protection de l'environnement se reconfigure autour d'un clivage entre gestionnaires et anti-gestionnaires. Surtout, avec ces phénomènes, la capacité d'expertise tend à conditionner l'accès des institutions et des structures à l'action publique. Le passage obligé par une position de contre-expert a été pointé et analysé par divers travaux dans le cas des mouvements de contestation de choix technologiques[9]. Mais il s'agissait de configurations de contestation de processus décisionnels restreints à un cercle d'acteurs techniques : la gestion des milieux naturels est au contraire caractérisée par une multiplication ostentatoire de dispositifs d'action concertée. Il est alors frappant de voir que cette montée des procédures de participation et de délibération s'accompagne aussi d'un impératif scientifique, c'est-à-dire d'une injonction au développement de capacités de (contre)-expertise afin d'être en mesure de se faire entendre, même dans le cas où l'on est consulté ou invité à participer à la délibération collective. Le statut d'expert constitue en effet bien souvent un préalable également pour l'accès aux dispositifs de consultation et de participation. Le fonctionnement des dispositifs de consultation n'a pas empêché la reproduction de mécanismes représentatifs[10] ; or

---

[8] Pour reprendre l'expression de Catherine Mougenot (2003).

[9] Par exemple dans le cas de la contestation nucléaire (Rivasi, 1992 ; Barthe, 2006) ou du sida (Löwy, 2001).

[10] Voir les travaux de Cécile Blatrix (Blatrix, 2002) sur l'enquête publique, montrant que des acteurs dotés de compétences particulières à la prise de parole ou à l'écrit,

il semble que les dispositifs délibératifs n'aient pas non plus supprimé le privilège dont jouissent les experts et spécialistes dans l'expression politique mais qu'ils l'aient simplement déplacé et en partie redistribué. En d'autres termes, plutôt que de permettre une expression politique inconditionnellement plus égalitaire, les dispositifs délibératifs sembleraient plutôt avoir propagé un nouveau mécanisme de différenciation active par le savoir, dans la mesure où la revendication d'expertise devient un prérequis pour faire valoir sa légitimité à participer à la table des négociations sur l'environnement. Il ne s'agit pas ici de condamner cet état de fait au nom d'un idéal de « véritable » participation, mais bien de pointer la façon dont un impératif scientifique informe et conditionne l'impératif délibératif souvent souligné dans la littérature (Blondiaux et Sintomer, 2002) dans la perspective d'une démocratisation environnementale.

Dans le cas de la procédure Natura 2000, marquée par un tournant participatif lié à la vague de contestation de la procédure de désignation des sites dans les années 1990 (Alphandéry et Fortier, 2001), la place des savoirs et des compétences naturalistes est restée prégnante. Si les communes ont été invitées à s'exprimer sur la désignation des sites (qui était au départ pensée comme une étape réservée aux experts naturalistes), les objections des communes à la désignation de sites ne sont prises en compte qu'à la condition de s'appuyer sur des arguments scientifiques, du même type que ceux mobilisés par les experts naturalistes qui proposent les sites pour être classés. De ce fait, la plupart des interventions ou des propositions effectuées par les communes se trouvent évincées dans la mesure où il faudrait parvenir à contrer les preuves d'intérêt écologique des sites en question, c'est-à-dire à prouver l'inexistence des espèces ou des habitats, explique un agent de la Diren :

> Parce que les collectivités, si elles ont délibéré défavorablement, ce qui est le cas pour 80 % d'entre elles, si elles ne motivent pas au plan scientifique, ça remonte quand même [au niveau de la décision nationale puis européenne]. [...] c'est difficile pour les communes de dire, enfin de prouver qu'il y a aucun intérêt scientifique. Donc à partir de là, elles ont beau ne pas être pour, ça va être désigné quand même.

L'importance prise par la détention d'expertise naturaliste dans l'accès à la négociation et à l'action collective, y compris dans le cas de dispositifs d'action concertée ou de dispositifs participatifs, n'est donc pas sans poser question quant à la reconduction des risques de marginalisation de groupes d'acteurs n'ayant qu'un accès réduit aux ressources

comme par exemple les porte-parole associatifs, se trouvent privilégiés au cours d'une procédure qui était pourtant censée ouvrir les possibilités d'expression publique au plus grand nombre de manière égalitaire.

d'expertise. Alors que l'on assimile souvent la démocratie environnementale à la multiplication des lieux de délibération et des dispositifs de gestion concertée autour des ressources naturelles, il importe de se pencher aussi sur les effets politiques qui se jouent dans le recours aux savoirs écologiques et aux professionnels de la nature.

Or paradoxalement, on va voir que si l'expertise constitue un langage obligé pour se faire entendre à la table de l'action collective, les professionnels de la nature sont en même temps tenus par une exigence croissante de dialogue et de partenariat qui paraît à certains d'entre eux décalée par rapport à leur mission de connaissance et de protection des milieux.

4.2. Régimes d'expertise

L'importance accordée au savoir comme preuve du bien-fondé de l'action publique rapproche le cas de la protection de la nature, et plus largement de l'environnement, de celui de la santé publique : dans les deux cas, la forte incertitude des savoirs et le besoin de justification de l'action ont conduit à un recours accru aux savoirs qui les distingue de secteurs plus « routinisés » dans leurs modalités d'expertise et de gestion, comme par exemple celui de la sécurité routière. Mais l'environnement diffère du secteur sanitaire par la multiplicité des dispositifs d'organisation de l'expertise que l'on y rencontre. Alors que dans l'action publique sanitaire, le recours aux savoirs a été nettement organisé et uniformisé sur le modèle des agences à la suite de crises et scandales récents[11], le recours aux connaissances pour l'action publique environnementale semble se caractériser par la coexistence de différents dispositifs parfois anciens et parfois beaucoup plus récents, dans une sorte de foisonnement expérimental. Ainsi, à côté des innovations participatives, le recours aux spécialistes scientifiques en tant qu'experts continue de constituer une direction importante de création institutionnelle. Par ailleurs, l'importance prise par le recours aux indicateurs dans l'action environnementale, autour notamment de la gestion de la biodiversité, doit aussi être soulignée. Or à l'exception notable des travaux sur les indicateurs de qualité de l'eau (Bouleau, 2006 et 2007), il s'agit là d'une tendance peu documentée dans la littérature[12]. La participation

---

[11] Voir : Granjou C. et Barbier M., 2010 ; Keck, F. 2009 ; Benamouzig D. et Besançon, O., 2005.

[12] S'il existe une littérature visant à définir les caractéristiques de l'indicateur idéal, très peu de travaux s'intéressent aux conditions et aux mécanismes pratiques d'élaboration des indicateurs ainsi qu'à leur mobilisation dans les processus de choix et de décision. Mener des études empiriques sociologiques sur les collectifs de définition des indicateurs, sur les enjeux et conditions pratiques de leur utilisation et sur les

n'est donc qu'un pan, une direction parmi d'autres de ce foisonnement expérimental. Elle tend alors à infléchir à la fois la manière dont on compose des collectifs experts et la manière dont on construit des indicateurs, en y intégrant des formes de savoir non universitaires détenues par les praticiens. Il s'agit donc ici d'esquisser un panorama des formes de recours aux savoirs dans l'action publique environnementale, et de suggérer la coexistence d'une multiplicité de dispositifs de recours aux savoirs : comités d'experts pérennes sur un modèle classique, consultations ponctuelles de spécialistes, agences visant à l'alimentation de tableaux de bord, batteries d'indicateurs de suivi de la réalisation d'objectifs stratégiques, listes d'espèces... Le recours à l'expertise et aux savoirs dans le secteur de l'environnement semble ainsi caractérisé, probablement plus que dans d'autres secteurs, par une très forte dimension d'expérimentation plutôt que par une dynamique de standardisation ou de bureaucratisation, comme dans le cas de la santé publique.

L'expertise est ici définie du point de vue du gestionnaire : il s'agit d'un investissement visant à assurer sa crédibilité dans le jeu d'acteurs à travers un gain d'autorité voire d'indiscutabilité de sa parole[13]. Classiquement, ce gain d'indiscutabilité repose sur l'autorité de certaines personnes, désignées en fonction de leur connaissance ou de leur expérience de la question à traiter : des experts. Mais, face aux critiques dont sont passibles les personnes, un gain supplémentaire d'indiscutabilité peut être recherché dans la construction et le maniement d'indicateurs. C'est ce que l'on observe autour des questions de biodiversité, qui rappelle ce qui a été décrit dans le domaine sanitaire avec le passage de la médecine clinique à la médecine fondée sur la preuve. Ce passage est marqué par l'imposition de standards de preuve et de processus codifiés et appareillés d'objectivation pour tenter d'arrimer plus solidement la connaissance à l'action et de limiter les possibilités de mise en doute ou de contestation. Le gain en indiscutabilité est alors lié au recours à des dispositifs matériels standardisés plutôt qu'à une autorité *intuitu personae*. Avec la participation, il s'agit, paradoxalement, d'obtenir un gain d'indiscutabilité en rendant discutable[14] au moins un temps, et en assurant l'ouverture du processus à différentes catégories d'acteurs au-delà des experts officiels[15]. Constitution de comités d'experts, construction

---

diverses critiques qui leur sont adressées, constitue ainsi une voie de recherche particulièrement intéressante et prometteuse

13 La notion de gain d'indiscutabilité est à la base de la définition de l'expertise retenue par Jean-Yves Trepos (Trepos, 1996).

14 Pour reprendre l'expression de Yannick Barthe (Barthe, 2002).

15 Dans ce cas, le gain d'indiscutabilité de l'action renvoie à la fois à un registre d'efficacité – la décision est censée être mieux informée si l'on a consulté une diver-

d'indicateurs et dispositifs participatifs pourraient ainsi constituer trois régimes politiques de connaissances[16] se distinguant par leurs sources de crédibilité ou d'autorité des savoirs permettant in fine cette plus grande indiscutabilité de l'action – régimes qu'il convient de penser moins dans un rapport de compétition ou de substitution de l'un à l'autre que dans leurs relations de juxtaposition, de complémentarité et d'hybridation.

Ancienneté et actualité de la figure de l'expert-conseiller

Une première catégorie de dispositifs de production de connaissances pour l'action publique entend fonder sa légitimité et son autorité sur le recours à des spécialistes nommés comme experts. Il s'agit là d'une forme de recours aux savoirs dans l'action publique environnementale à la fois particulièrement ancienne et très actuelle : l'expertise collective constitue en effet une réponse aux récentes crises et aux scandales qui ont marqué tout autant la santé que l'environnement.

L'expertise collective

Le recours aux experts se fonde sur l'idée que certains individus, forts de leurs connaissances et/ou de leurs expériences et nommés dans un cadre officiel, sont à même d'apporter un éclairage en vue de la prise de décisions qui engagent la collectivité : c'est la « légitimité rationnelle-légale »[17]. La position d'expert permet alors une évacuation de la nécessité de se justifier précisément des énoncés produits. Alexis Roy (Roy, 2001) rappelle ce principe essentiel pour comprendre comment la parole d'expert vaut parole d'autorité : « la performance attendue de l'expert ne réside pas ici dans sa capacité à démontrer systématiquement le bien-fondé de ses énoncés en se pliant à des procédures de certification instituées dans une communauté élargie. Celui-ci est supposé, il est acquis à travers sa nomination » ; les experts sont « libérés des précautions rhétoriques de rigueur ».

Les dispositifs d'expertise présentent toutefois des différences fortes, selon au moins deux gradients. Un premier gradient est lié au nombre d'experts mobilisés et à leur pérennité, entre des dispositifs qui mobilisent une seule personne sur une question très précise, et des dispositifs qui s'appuient sur des comités d'experts dotés d'une certaine stabilité, amenés à s'exprimer sur une diversité de questions en lien avec la gestion et la protection de la nature. La quantité et le type de ressources

sité d'acteurs – et à un registre de légitimité – la décision est plus légitime du fait que la procédure est jugée plus démocratique : voir Van der Hove S., 2001.

16 Au sens de Pestre, qui désigne par la notion de régime de connaissance les formes contingentes et historiques d'articulation entre un système de production de savoirs et leur contexte d'utilisation (Pestre, 1995 et 2003).

17 Restier-Melleray, 1990.

organisationnelles et scientifiques allouées aux experts constituent une deuxième ligne de clivage dessinant un autre gradient le long duquel on distingue, d'un côté, des énoncés d'avis produits en réponse rapide à une question posée et, de l'autre, des études menées sur un temps long, mobilisant des ressources organisationnelles et scientifiques lourdes (état de l'art, travaux expérimentaux *ad hoc*). Si le recours à des collectifs plutôt qu'à un expert est aujourd'hui de plus en plus privilégié afin de se libérer des biais ou de l'arbitraire potentiel qui peuvent s'attacher à la consultation d'un seul individu[18], au cours des dernières années, des dispositifs situés tout au long de ces gradients ont fonctionné simultanément. Par exemple, en 1996, une expertise sur le pique-prune – un coléoptère protégé par la directive Habitats – a été commanditée dans le cadre du tracé du projet d'autoroute A28 entre Le Mans et Tours à un jeune scientifique, qui venait de terminer au Muséum national d'histoire naturelle une thèse sur les cétoines microcavernicoles, dont le pique-prune. Le dispositif de production de l'expertise s'est ensuite prolongé et complexifié, du fait notamment de contestations. Mais cette phase initiale offre un exemple de dispositif fortement personnalisé (une seule personne, choisie pour ses qualités bien particulières : la réalisation d'une recherche approfondie sur une espèce alors très méconnue), très ciblé (les effets d'un chantier sur une espèce donnée), et mobilisant des ressources relativement conséquentes (durée, dispositif d'étude des arbres et des insectes du secteur).

Le cas du Conseil national de protection de la nature (Cnpn), dont il a été question plus haut, témoigne inversement de l'ancienneté de la composition de comités d'experts dans l'action publique environnementale. Créé en 1946, le Cnpn est une commission administrative à caractère consultatif, placée auprès du ministre chargé de la protection de la nature et destinée à éclairer ses décisions. Sa mission est inscrite dans l'article R133-1 du code de l'environnement. Il est doté d'un comité permanent et de plusieurs commissions spécialisées. Depuis sa création, le Cnpn a connu une extension progressive de ses domaines d'expertise, de nouveaux champs de la nature – comme la mer aujourd'hui – étant régulièrement venus s'ajouter aux précédents. Il s'est par ailleurs étoffé et sa composition s'est diversifiée : composé de trente personnes dans sa première formation, il en compte aujourd'hui quarante (vingt membres de droit et vingt membres nommés par le ministre), le projet actuel de nouveau décret du Cnpn en prévoyant quarante-cinq, regroupés en cinq pôles. Le Cnpn est ainsi une institution vieille de plus de soixante ans, au fonctionnement très codifié et à l'organisation complexe ; elle a été amenée à prononcer des avis concernant un nombre croissant de ques-

---

[18] Conformément aux recommandations de Philippe Roqueplo (Roqueplo, 1997) ou de Marie-Angèle Hermitte (Hermitte, 1997).

tions en lien avec la protection de la nature, mobilisant depuis sa création des centaines de personnes. Plus récemment, en 2004, ont été créés le Conseil scientifique du patrimoine naturel et de la biodiversité (Cspnb), ainsi que les conseils scientifiques régionaux du patrimoine naturel (Csrpn). Il s'agit de comités consultatifs dotés d'une mission d'évaluation scientifique des mesures de protection et de gestion des espaces et des territoires. S'appuyant, de même que le Cnpn, sur un modèle de comité d'experts pérennes, ils témoignent de l'actualité de la création institutionnelle suivant ce modèle. De même que dans le cas des comités des agences sanitaires, la création de collectifs d'experts ne signe pas nécessairement une véritable pluralisation de l'expertise au sens d'une diversification des porteurs de connaissance au-delà de la science : la constitution de comités d'expertise peut très bien s'ancrer uniquement dans la recherche d'une reconnaissance scientifique selon les canons les plus officiels (sélection des spécialistes d'un domaine d'après leur nombre de publications). De tels comités se conforment alors à une conception très traditionnelle du recours aux experts obéissant à une logique de purification scientifique de l'expertise.

Cependant, quelle que soit la forme qu'il prenne, le recours aux spécialistes n'atteint pas toujours l'objectif recherché par les décideurs et gestionnaires qui y recourent, à savoir, fonder et légitimer leurs actions sans critiques possibles.

Le problème de l'indépendance des experts

Bien que la littérature en sciences sociales ait dénoncé comme illusoire la recherche d'indépendance des individus et même des collectifs (Barthe et Gilbert, 2005), plusieurs témoignages de la part de décideurs et de gestionnaires montrent l'acuité de ce souci et de cette crainte de partialité dans le secteur de la gestion de la nature. La suspicion de dépendance ou de biais est d'autant plus forte que le nombre d'experts mobilisables est réduit et qu'il ne peut y avoir de contre-expertise sur des sujets très pointus, comme dans le cas de maintes espèces méconnues. En témoigne une personne du ministère de l'Écologie :

> Sur les chauves-souris, il y a un expert en France, en gros, qui dit : « là c'est un site, là y a une population intéressante, là elle est représentative, là il faut ceci cela ». Et on est complètement… tributaires de ce qu'il dit. Là-dessus, moi, je me sens complètement ficelée ; on n'a pas de capacité de… comment dire ? On est obligés de faire confiance.

En outre, l'idée que les experts peuvent être engagés dans des mouvements de protection de la nature ou de défense d'activités comme l'agriculture en montagne, et le soupçon que ces engagements pèsent sur la position adoptée amènent aussi les commanditaires à mettre en doute l'expertise :

Les experts entre guillemets qui ont été sollicités par le Muséum et qui sont dans les CBN [conservatoires botaniques nationaux] ou dans les CREN [conservatoires régionaux d'espaces naturels] ou ailleurs, ben ils sont naturalistes, parfois ils sont un peu militants associatifs protection de la nature. Et ça transparaît dans leur expertise, mine de rien. Parfois on considère qu'ils ont été plus négatifs que..., bon parfois ça peut être dans l'autre sens, il peut y avoir des... mais globalement. Alors c'est pas que je leur fais pas confiance mais je considère que parfois, la perception peut différer selon les personnes et selon la sensibilité des personnes.

Bien que les expertises apparaissent plus robustes lorsqu'elles émanent de groupes de personnes aux sensibilités variées, les conseils scientifiques d'espaces protégés, composés suivant un principe de diversification des compétences et des spécialités académiques, ne sont pas totalement épargnés par les mises en cause et les problèmes de confiance. Le recours à des critères de jugement formalisés et à la quantification, plutôt qu'au jugement expert, peut constituer alors une stratégie alternative dans la recherche d'un gain d'indiscutabilité, dans un contexte où l'action publique environnementale se trouve aux prises avec de nouvelles exigences de justification (évaluation des politiques publiques, montée des contestations de la science...).

Le recours aux indicateurs environnementaux

Le développement des indicateurs de biodiversité

Le développement d'outils de représentation et de mesure des écosystèmes est ancien : les grands programmes internationaux (Programme biologique international 1967-1972 et programme *Man and Biosphere* mis en place en 1970) y ont fortement contribué. Cependant, c'est surtout depuis que le principe global de lutte contre l'érosion de la biodiversité, énoncé lors du Sommet de la Terre de Rio de 1992, a été précisé en 2002 à Johannesburg en un objectif plus concret – réduire de manière significative l'érosion de la biodiversité à l'horizon 2010 – que diverses batteries d'indicateurs ont été élaborées par des instances nationales et internationales. Leurs objectifs sont multiples : il s'agit à la fois de renseigner sur les changements environnementaux (à court, moyen et long terme), de « parler » aux groupes d'acteurs concernés afin qu'ils puissent se les approprier, mais aussi de contribuer à évaluer l'efficacité des politiques publiques. On peut ainsi penser que la mise en place d'objectifs concrets en termes de lutte contre la perte de biodiversité a suscité une exigence d'évaluation des actions conduites qui n'est pas étrangère au développement des indicateurs dans une logique de recherche de légitimation de l'action publique. Ainsi, l'exemple du changement climatique est ici souvent sollicité pour témoigner de l'utilité de disposer d'indicateurs (apparemment) simples renseignant sur l'état du climat – comme la température moyenne du globe – et permettant d'évaluer les actions – comme l'équivalent tonne de carbone émise (Levrel, 2007).

Tandis que la Convention sur la diversité biologique a mis en place une première batterie d'indicateurs en 2004 au niveau international, d'autres indicateurs voient le jour, par exemple dans le cadre de la Stratégie nationale pour la biodiversité française. Afin d'harmoniser ces ensembles disparates d'indicateurs, une instance européenne, le Sebi (*Streamlining European 2010 Biodiversity Indicators*), a effectué un travail qui a abouti à l'expression de 26 indicateurs pour l'Europe en 2007, constituant le cadre de référence auquel doivent désormais s'adapter les indicateurs nationaux. Parmi ces indicateurs, citons pour exemple : l'indicateur Liste rouge de l'Uicn (Union internationale pour la conservation de la nature), calculé pour un groupe d'espèces répertoriées dans la Liste rouge à partir du nombre d'espèces ayant changé de catégorie entre deux dates (passant par exemple de la catégorie « rare » à la catégorie « menacé », ou l'inverse) ; l'indicateur « oiseaux communs » qui s'appuie sur la variation d'abondance des oiseaux « ordinaires » sur un territoire ; ou encore l'indicateur trophique marin, fondé sur les niveaux trophiques (rang occupé par un être dans la chaîne alimentaire) auxquels les prises de pêche sont réalisées.

Mise en chiffres et crédibilité

Pour Porter (1995), la quantification est une technologie de création de la confiance (« *trust technology* ») mobilisée par des spécialistes lorsqu'ils se trouvent en situation de controverse ou du moins de mise en doute de leurs assertions. Selon lui, la quantification ne vaut pas comme caractéristique intrinsèque de l'activité scientifique dans certaines disciplines qui auraient ensuite pris valeur de modèles pour d'autres disciplines et d'autres domaines de connaissance et d'action. Elle s'explique plutôt par l'existence de pressions liées au contexte politique ou socioculturel, induisant la volonté des spécialistes d'emporter l'adhésion en développant des arguments d'aspect impersonnel et rigoureux. Le recours aux indicateurs apporte en effet un niveau supplémentaire de crédibilité lié à un effet d'objectivation : grâce aux indicateurs, il semble possible de s'abstraire de la subjectivité qui accompagne nécessairement le recours à une ou des personnes, toujours susceptibles d'erreurs mais surtout d'engagements, de biais et de diverses formes de parti-pris.

Le recours à des indicateurs peut aussi permettre un gain de crédibilité par la traçabilité du jugement : ils donnent une indication sur le type de raisonnement suivi que l'on peut énoncer et retrouver *a posteriori*. Alors que la confiance en l'autorité de la parole d'un expert conduit précisément à l'absoudre de toute obligation de justification, ici, la crédibilité du recours aux savoirs provient inversement du processus respecté pour l'élaboration du jugement : il s'agit d'une légitimité non plus substantielle mais procédurale[19].

Outre qu'il peut ainsi amener un gain de crédibilité, le recours aux indicateurs constitue aussi une forme d'instrumentation susceptible de permettre une abstraction plus grande vis-à-vis des circonstances temporelles et spatiales que ne le permet le recours aux experts. De même que pour les statistiques, la mise en nombres vise à reproduire les mesures dans l'espace et dans le temps de manière à comparer plusieurs lieux ou plusieurs moments ; elle doit aussi permettre de construire des données agrégées valables pour une totalité, par-delà les spécificités locales (Desrosières, 1993 ; Didier, 2002). De même que les formulaires prévus pour rendre compte des observations de grands prédateurs, la mobilisation des indicateurs peut, en théorie, être prise en charge par n'importe qui (sous réserve d'un minimum de formation et des ressources nécessaires) et de manière identique à plusieurs moments ou en plusieurs lieux (même si la plupart des indicateurs sont construits en vue de s'appliquer à une certaine échelle). Ils ouvrent donc à une reproductibilité du recours aux savoirs, et éventuellement à la possibilité de comparaison entre deux régions du monde ou entre deux périodes temporelles : nombre d'indicateurs s'insèrent dans des processus de suivi ou de tableau de bord.

Notre propos n'est pas ici de laisser penser que les dispositifs fondés sur des indicateurs remplaceraient les comités d'experts. Les deux modèles coexistent du fait d'abord que souvent, ils ne remplissent pas la même fonction par rapport à l'action et à la décision. Le recours aux indicateurs permet de produire un état des lieux indépendamment d'une demande spécifiée, suivant une logique d'*assessment* ou de diagnostic, éventuellement reconduit dans le temps ; le recours aux experts se fait souvent plutôt dans un contexte de demande(s) ou de question(s) déterminée(s), notamment en lien avec une production législative ou réglementaire, vis-à-vis desquelles les experts apportent des éléments de réponse *ad hoc* – c'est sur cette caractéristique dialogique qu'est basée la définition que donne Philippe Roqueplo (1997) du processus d'expertise. Enfin, ces deux figures, séparées et stylisées pour les nécessités de l'analyse, se complètent et s'hybrident bien souvent dans les dispositifs réels : les comités d'experts peuvent mobiliser des instruments et des indicateurs ; les indicateurs reposent sur l'investissement de spécialistes pour les définir et les alimenter (cf. ci-dessous). Ainsi, le

[19] Sur la notion de légitimité procédurale de l'expertise, voir : Joly, 1999 et Granjou et Barbier, 2010.

rendu d'un état des lieux régulier et le fonctionnement sur saisine ponctuelle par des demandeurs d'avis sont deux options actuellement envisagées simultanément pour la mise en place d'une interface internationale science/politique sur la biodiversité (Ipbes : *Intergovernmental platform on biodiversity and ecosystem services*) sur lequel je reviendrai plus loin.

L'inflexion participative

Cependant, la montée du recours aux indicateurs pose aussi des problèmes vis-à-vis de la recherche d'indiscutabilité de l'action et ne saurait constituer de solution passe-partout vis-à-vis des exigences de légitimation et d'évaluation de l'action publique environnementale. L'élaboration d'indicateurs, de même que le recours aux experts et la mise en place de processus participatifs constituent bien plutôt trois directions d'expérimentation en matière de recours aux savoirs dans l'action publique environnementale qui coexistent et tendent en outre à s'hybrider : ces formes d'hybridation contribuent encore au foisonnement expérimental en la matière.

Les limites du recours aux indicateurs

La première limite concerne la manière dont les indicateurs sont produits. L'humain reste en effet au cœur de la construction des indicateurs. L'indicateur Oiseaux communs repose par exemple sur un programme d'observation et de recueil de données porté depuis vingt ans par le Muséum national d'histoire naturelle, et mobilise un important réseau d'observateurs amateurs, ce qui témoigne d'un simple déplacement en amont du recours à une expertise *intuitu personae*. De plus, tout indicateur obéit à la fois à des exigences de légitimité politique et scientifique, qui ne sont pas sans entrer en tension : la première privilégie la lisibilité pour un large public (taux d'extinction global des espèces sur la Terre), alors que la seconde privilégie les éléments de preuve et le caractère utilisable de l'indicateur pour le suivi ou la gestion de la biodiversité. Enfin les indicateurs sont des instruments approximatifs, des outils d'information partiaux et partiels en dépit de leur apparente universalité. Ils se heurtent notamment à leur échelle de pertinence : un indicateur de biodiversité à l'échelle mondiale sera peu pertinent pour décrire des évolutions locales.

Une seconde limite rencontrée concerne la faisabilité de leur mise en œuvre, qui passe par l'alimentation d'un certain nombre de données synthétisées par l'indicateur. Or il est souvent aussi difficile de réunir les données nécessaires pour renseigner « les bons indicateurs » que de trouver « les bons experts ». La construction du réseau Natura 2000 en France, en dépit de la volonté de formaliser les sources de connaissances, s'est par exemple effectuée à dires d'experts locaux et avec les données chiffrées disponibles (notamment en lien avec les Zones naturelles d'intérêt faunistique et floristique, Znieff) alors même que ces connaissances n'étaient pas forcément adaptées à la logique de gestion des habitats de la directive européenne, et que leur précision et leur disponibilité étaient très variables d'une région à l'autre. Par ailleurs, les indicateurs chiffrés autant que les dires d'expert butent sur un même paradoxe qui rend leur utilisation malaisée : plus l'indicateur est composé d'un grand nombre de paramètres et de regards différents, plus il offre une information intégrée mais plus son interprétation et celle de son évolution sont difficiles. Inversement, plus l'indicateur fournit une information ciblée (spécialisée), moins il est intégrateur et plus sa pertinence est affaiblie par sa sensibilité à des phénomènes aléatoires (Levrel, 2007).

Les deux régimes de connaissances, celui de « l'expert omniscient » et celui du « pilote d'avion » devant un tableau de bord d'indicateurs synthétiques et pertinents lui permettant de s'abstraire de la navigation à vue, trouvent ainsi également leurs limites. Il est alors pertinent de considérer l'inflexion participative moins comme un nouveau régime qui se substituerait aux précédents, que comme participant à des formes d'hybridation et d'expérimentation inédites à partir des deux régimes de connaissance précédemment exposés.

Des exemples d'hybridation

Il semble parfois qu'une lecture en termes de recours à un modèle unique de recours aux savoirs (expertise *intuitu personae*, indicateurs ou consultation) ne résiste pas à un examen plus approfondi des faits : l'exemple du pique-prune, cité en illustration d'un modèle de recours à un expert individuel reconnu pour sa connaissance académique pointue de cette espèce, témoigne d'une hybridation de différents dispositifs de recours aux savoirs si on en déroule toute la chronologie. En effet, sur la recommandation des experts du Muséum national d'histoire naturelle (Mnhn), a été mis en place un suivi scientifique des populations de pique-prune opéré par des bureaux d'étude en collaboration avec le Muséum, visant à acquérir des connaissances sur l'espèce et à produire des indicateurs de l'état et l'évolution des populations. Enfin a été mis en place un dispositif de consultation du public au Museum dans le cadre d'une grande exposition temporaire consacrée à la conservation de la nature (les visiteurs avaient la possibilité de voter pour choisir parmi les différentes solutions envisagées). Je développerai ici brièvement deux autres exemples de processus ayant articulé et hybridé dispositif consultatif ou participatif, recours aux spécialistes et usage d'indicateurs : le premier au niveau international et le suivant au niveau national.

Le premier concerne la récente dynamique de mise en place d'un « Giec[20] de la biodiversité ». S'appuyant à la fois sur l'expérience du *Millenium Ecosystem Assessment*[21] et sur celle de l'Imoseb[22], la décision a été prise en décembre 2010 de créer une « plateforme » (Ipbes, *Intergovernmental Platform on Biodiversity and Ecosystem Services*) dans laquelle des scientifiques reconnus seraient saisis par les gouvernements des pays sur des questions ciblées en lien avec la biodiversité et les écosystèmes. En sus de ce principe extrêmement classique de recours aux experts, l'Ipbes entend aussi s'appuyer sur d'autres formes de connaissances plus traditionnelles et donner une place d'observateurs aux organisations non gouvernementales (ONG), qui ont été parties prenantes de tout le processus de création du dispositif. Enfin, l'Ipbes est aussi censé fournir des évaluations de l'état des « services » rendus par les écosystèmes (tels que la régulation climatique, la pollinisation des fleurs…), évaluations qui devront reposer sur la définition et l'usage d'indicateurs (notamment monétaires) adaptés. Dans cet exemple, le principe d'ouverture à la discussion a concerné la mise en place des modalités mêmes de recours aux savoirs pour l'action ; en a résulté un dispositif au format apparemment des plus classiques en termes d'ancrage dans l'autorité scientifique, mais qui souhaite en même temps asseoir sa légitimité sur certaines formes d'ouverture aux savoirs (comme les *Traditional Ecological Knowledge* ou TEK).

Dans notre deuxième exemple, la construction d'indicateurs s'ancre dans une logique de consultation, où l'on retrouve à la fois consultation d'experts et consultation de praticiens, les agriculteurs, qui sont aussi les destinataires de la décision publique. En l'occurrence, il s'est agi de définir une liste de fleurs dont la présence dans les prairies des agriculteurs servirait de critère au versement d'une aide financière au nom de la préservation de la biodiversité. Pour que l'aide soit versée, le contrôleur officiel devra observer au moins quatre plantes de la liste préétablie sur chaque tiers de diagonale de la prairie contrôlée[23].

---

20 Groupe d'experts intergouvernemental sur l'évolution du climat

21 Vaste état de l'art sur les écosystèmes planétaires qui s'est déroulé de 2001 à 2005 et a mobilisé plus d'un millier de chercheurs de divers pays.

22 *International mechanism of scientific expertise on biodiversity.*

23 Contrastant avec les dispositifs classiques de mesures agri-environnementales (MAE) ciblés sur des engagements de moyens, la MAEt Herbe07 « Maintien de la diversité floristique des prairies riches en espèces », également appelée « prairies fleuries » impose donc à l'agriculteur qui la contractualise sur cinq ans une obligation de résultat. Les premiers contrats entre l'État et des agriculteurs ont été signés en 2007.

C'est d'abord dans le cadre d'un programme de recherche entre l'Inra et un parc naturel régional (celui des Bauges) – donc entre experts académiques et gestionnaires – qu'une première liste de plantes indicatrices de la biodiversité des prairies agricoles a été ébauchée. Cette liste a ensuite été soumise à un groupe d'agriculteurs pour validation. Après cette phase initiale de définition de la liste de plantes, un premier concours Prairies fleuries en 2007 a permis de tester et de modifier la liste. À cette occasion, un consensus a finalement été trouvé entre l'enjeu agricole (définir des plantes relativement faciles à obtenir et à repérer dans des prairies d'usage agricole) et l'enjeu naturaliste (définir des plantes qui ne soient pas trop communes et vaillent comme indicatrices d'une certaine qualité environnementale).

L'hybridation entre consultation d'experts naturalistes (scientifiques ou gestionnaires) et consultation des agriculteurs observée lors de la phase de construction de la liste de plantes s'est poursuivie lors de la mise en œuvre des contrats, au moment de la vérification de la présence des fleurs par des contrôleurs. Dès la première année, 65 contrats ont été signés sur le territoire du parc, pour une surface de 875 ha. Fin 2009, ce sont plus de 2 000 ha et 130 agriculteurs qui ont été concernés, ce qui marque un engagement fort dans cette action publique contractuelle. Aujourd'hui, l'expérience s'étend à treize parcs naturels régionaux et cinq parcs nationaux, et le projet de premier concours national Prairies fleuries a été labellisé au titre de 2010 Année internationale de la biodiversité.

Le succès de l'opération et le consensus global qu'elle suscite montrent un bon degré de confiance et de légitimité de l'expertise produite, qui hybride les avis d'experts et des agriculteurs dans la définition d'indicateurs. On retrouve ici aussi un déplacement d'une légitimité substantive vers une légitimité procédurale – liée au processus de construction de l'expertise et non plus à une origine qui en garantirait le contenu. Ce qui compte, plus que la qualification technico-scientifique de l'expertise, c'est la dynamique d'appropriation, d'apprentissage, de construction de nouvelles relations entre acteurs, et l'action collective qu'elle permet d'impulser concrètement. En cela, l'inflexion participative entraîne une complexification des rapports entre connaissance et action, une hybridation des régimes de connaissance, qui constituent autant de tentatives d'apporter des réponses aux limites de légitimité et de pertinence des différents modes de recours aux savoirs pour la protection de la nature.

Conclusion : le foisonnement expérimental des dispositifs de recours aux savoirs

Le recours à l'expertise de la part des gestionnaires de l'environnement est donc loin de se faire sur un mode unique : au contraire, les gestionnaires s'efforcent d'acquérir autorité et crédibilité en recourant aux savoirs par des voies variées. On a souligné dans la section précédente les ressources internes d'expertise développées par les institutions – spécialisation de leurs employés, contrats de stage avec de jeunes diplômés, collaborations ponctuelles avec des universitaires. Cette section a souligné les régimes de recours à l'expertise en externe, qu'il s'agisse de recourir à un expert-conseiller *intuitu personae*, de constituer des comités d'expert, de développer des indicateurs, de déployer des dispositifs consultatifs et participatifs, ou de constituer des dispositifs hybrides empruntant à la fois à plusieurs de ces alternatives.

Alors que la littérature sur l'action publique environnementale souligne surtout la multiplication des dispositifs consultatifs et participatifs, d'autres régimes d'expertise perdurent et/ou sont expérimentés. Bien sûr, en pratique, les acteurs, loin de pouvoir choisir librement dans un catalogue de solutions, doivent souvent faire avec les moyens du bord. Ainsi, suivant les objets ou domaines considérés, il peut exister, ou pas, des spécialistes, des indicateurs, des données ; il ne suffit pas non plus de vouloir ouvrir le débat pour que les participants affluent. Il ne s'agit donc pas simplement de proposer une forme de classement ou de mise en ordre de ces dispositifs, mais bien de considérer leur foisonnement comme lié aux tentatives de répondre, souvent dans l'urgence, à des demandes et à des questions par divers bricolages improvisés. Les débats et les controverses que suscite la mise en place de tel ou tel dispositif de recours aux savoirs contribuent en outre à faire évoluer les modalités d'organisation de l'expertise et à expérimenter de nouveaux dispositifs. La « productivité sociale des controverses » soulignée par Pierre Lascoumes (Lascoumes, 1999), qui désigne par là la possibilité de rouvrir les solutions initialement retenues et leurs alternatives dans la gestion d'un dossier ainsi que d'en inventer de nouvelles, vaut donc aussi au niveau de l'organisation même de l'expertise : les controverses portant sur la manière dont l'expertise est organisée permettent de rouvrir des manières de faire qui se sont figées avec le temps pour les réinterroger et en proposer de nouvelles. Avec la montée du modèle de gestion savante de la biodiversité, le champ de la protection de la nature témoigne ainsi d'une diversification des régimes d'expertise plutôt que d'un modèle d'expertise uniformisé et clef en main.

CHAPITRE 5

Entre expertise et médiation

Qu'en est-il maintenant du vécu des acteurs eux-mêmes, des gestionnaires de la nature aux prises avec la montée de l'impératif scientifique ? Alors que l'on associe volontiers la protection de la nature à des activités caractérisées essentiellement par l'expérience sensorielle, la passion, la proximité au terrain ou l'engagement militant, comment les individus composent-ils avec la montée de techniques d'intervention sophistiquées, avec la collaboration des chercheurs et des spécialistes pointus, et plus largement avec la montée de l'exigence d'expertise ? Comment s'accommodent-ils par ailleurs de la collaboration avec tant d'autres acteurs devenus cogestionnaires de la nature, au nombre desquels des acteurs, comme les agriculteurs, avec lesquels les protecteurs ont été en conflit ouvert pendant des dizaines d'années ? On analyse ici un certain nombre de tensions constitutives aujourd'hui des métiers de la nature, pris entre un mouvement de professionnalisation qui tend à en faire de « vrais métiers », et la nostalgie d'un engagement à la fois idéologique et corporel spécifique à la nature. On s'attachera ensuite à décrire la montée d'un profil particulier de professionnel de la nature qui s'affirme depuis les années 1990 : il s'agit du profil du médiateur et du conciliateur entre le monde de la protection et celui de l'exploitation agricole, qui a permis le rapprochement, dans une certaine mesure, de certains parcs (régionaux mais aussi nationaux) avec le monde agricole ainsi que la mise en œuvre de pratiques locales de cogestion de la biodiversité.

5.1. Une professionnalisation paradoxale

Les métiers de la nature sont fréquemment associés à l'idée d'engagement au service d'une cause – la protection – et à l'idée d'une proximité au terrain, d'une fréquentation de la nature. La prégnance de cette image explique en partie le grand nombre de candidats qui se présentent au concours d'agents techniques et de techniciens de l'environnement, très supérieur au nombre de places disponibles, ainsi que le niveau d'études effectif des personnels recrutés, bien au-dessus du diplôme exigé pour le poste d'agent technique (qui est le BEPC). Pourtant, les acteurs travaillant dans des espaces naturels exercent aujourd'hui des métiers fortement technicisés, rationalisés et professionnalisés. Ils mettent d'ailleurs volontiers en avant cet alignement de leurs métiers avec d'autres corps de métiers, témoignant de leur volonté de (se) convaincre que leur activité constitue un « vrai travail », un « vrai métier », se fonde sur un « vrai savoir-faire » ou une « vraie compétence », pour reprendre un certain nombre d'expressions qui ont émaillé les entretiens conduits. Un enquêté conclut son propos en s'exclamant : « donc c'est bien que c'est un métier quelque part ! ». Pour preuve également de ce « désir de métier »[1] l'organisation en novembre 2008 du forum « Jobs for nature. La nature pour métier », par l'Atelier technique des espaces naturels (Aten)[2] : c'est d'ailleurs dans le cadre de cette initiative visant à faire exister et à promouvoir les métiers de la nature en tant que tels – où l'Aten a joué un rôle essentiel d'entrepreneur de profession – que l'enquête présentée dans cette section a été menée. Il s'agissait de proposer un bilan des évolutions des métiers des espaces naturels au travers d'entretiens menés auprès de salariés de diverses structures impliquées dans la gestion et la protection d'espaces naturels[3].

Cette enquête montre la coexistence paradoxale de discours de promotion de la modernité des métiers de la nature, avec un discours nostalgique d'un âge d'or de la protection de la nature : dans ce dernier type de discours, les personnes s'identifient à des rôles pionniers et à la figure de défricheurs d'une nouvelle mission. La littérature a souligné l'émergence et le développement de corps de spécialistes visant à la protection de la nature (Drouin, 1991 ; Micoud, 1993 et 2005 ; Ollitrault, 2008) : cependant, ces travaux ne disent que peu de chose du vécu des individus dans ces structures et de la manière dont le développement de l'expertise et la montée de la professionnalisation s'articulent avec d'autres discours et d'autres pratiques concernant la singularité de l'objet du travail – la nature – et à la spécificité de l'engagement des professionnels de la nature. On va s'attacher ici à décrire et comprendre la façon dont les professionnels de la nature « font avec » cette tension de leurs métiers entre spécificité et alignement, entre passion et rationalisation.

---

1 Sur le « désir de métier », voir : Osty, 2003 ; Piotet, 2002.

2 L'Aten est né en 1989 du regroupement entre la cellule inter-parcs, créée en 1981, et d'une équipe de la Direction de la Protection de la Nature du ministère. Il s'agit d'un Groupement d'intérêt public (Gip) qui a pour mission de contribuer à la sauvegarde des espaces et du patrimoine naturels, par la mise en réseau et la professionnalisation des acteurs.

3 Ont ainsi été interviewées des personnes employées par l'Onf, l'Oncfs, des parcs naturels régionaux, des parcs nationaux, le conservatoire du littoral, un syndicat gestionnaire de site du conservatoire du littoral, une association d'éducation à l'environnement, des conservatoires du patrimoine naturel, le service environnement d'une collectivité locale, des Diren.

L'exploration de cette tension permet par la même occasion d'esquisser les contours d'une dynamique de professionnalisation singulière et paradoxale, propre aux métiers de la nature.

S'engager dans le métier : entre expertise et passion

La pratique des métiers de la nature s'ancre désormais dans un parcours balisé par des concours, des statuts et des formations (initiales et continues) standardisés. Bien que cette codification des savoirs et savoir-faire nécessaires à l'entrée dans les métiers et à leur exercice contribue à une revendication de professionnalisme, la passion et l'engagement (au sens militant du terme) continuent de constituer un registre important dans le discours des professionnels de la nature.

La formalisation des savoirs et des compétences

S'il existait dès le 19e siècle des écoles préparant au métier de forestier, l'offre de formation aux métiers de la nature a été limitée jusqu'à une période relativement récente. L'apparition de brevets de technicien comme le BTS gestion et protection de la nature (BTS GPN) ou le BTA faune sauvage a progressivement modifié cet état de choses[4]. Diverses structures nationales (Aten, Ifore : Institut de formation de l'environnement, créé en 2001) et internationales (Eurosite) proposent également depuis les années 1990 un dispositif de formations continues. La constitution progressive du catalogue de formations de l'Aten a notamment contribué à encadrer l'exercice des différents métiers, en précisant le contour des connaissances et des compétences légitimes, même si les agents des espaces naturels considèrent parfois avec distance le contenu de ces formations, considérant qu'« il n'y a pas de recette toute faite ».

L'Aten a par ailleurs créé différents référentiels métiers au début des années 2000 : référentiel d'emplois et de compétences des réserves naturelles (juin 2002) ; description des fonctions des métiers des parcs nationaux (juin 1997), etc. À partir de ces documents a été créé le Répertoire commun des métiers des gestionnaires des espaces naturels en 2007 destiné à représenter, de manière évolutive, l'ensemble des métiers exercés dans les espaces naturels. Ce répertoire donne accès à des fiches métiers qui regroupent, pour chacun, une définition des conditions d'accès ou d'exercice, des connaissances, des procédures, des activités…

Parallèlement, les statuts des professionnels de la nature ont été standardisés depuis les années 1980. Des corps d'agents techniques et de techniciens des parcs nationaux existent depuis 1986 : les agents des

---

4 On note la création d'un premier BTS protection de la nature au lycée de Neuvic au début des années 1970.

parcs sont désormais recrutés sur concours national de la fonction publique, et non plus localement comme au début du fonctionnement de ces structures. Si l'idée de créer des corps de l'environnement plus généraux (y compris pour la catégorie A de la fonction publique) est relativement ancienne et a suscité divers projets qui n'ont pas abouti (Kessler, 1999), en 2001 sont créés finalement les corps des techniciens de l'environnement (TE) et des agents techniques de l'environnement (ATE). Outre une déprécarisation des employés (qui étaient souvent contractuels), la formalisation des statuts a également entraîné un brassage des agents entre des établissements différents du fait notamment de l'obligation de mobilité pour obtenir une promotion : alors qu'il n'était pas rare que des agents de terrain effectuent toute leur carrière dans leur commune d'origine, ils passent désormais plus souvent d'un espace naturel et d'une région à l'autre. Ces personnes ayant une trajectoire professionnelle diversifiée ont facilité le tissage de liens entre des structures très différentes. L'existence de corps de fonctionnaires uniques a par exemple impliqué une réflexion sur un uniforme et des insignes communs, tandis que l'on assistait également à une mise en réseau des divers établissements, soit de même statut[5], soit sur une base géographique[6].

L'ensemble de ces processus a contribué à créer un capital de savoirs, de savoir-faire et de savoir-être formalisés, conçus comme nécessaires à l'entrée dans ces métiers puis à leur exercice.

Entre compétence et passion

L'existence de tels corpus de compétences est clairement mise en avant par certains enquêtés dans un discours opposant la détention de compétences techniques et de savoir-faire spécifiques à l'expression de convictions idéologiques ou de préférences de mode de vie :

> On est dans un métier dont l'assise technique, la reconnaissance technique est plus forte aujourd'hui, parce que, parce que d'abord le temps a passé et qu'on a fait la preuve que les agents des parcs nationaux n'étaient pas simplement des idéalistes visionnaires, que la protection de la nature n'était pas une sorte d'idéologie, un art de vivre, voire une mystique, que c'est une technique.

---

5 Création de la Fédération nationale des parcs naturels régionaux en 1971, de la conférence permanente des réserves naturelles (Cprn) en 1982 devenue Réserves naturelles de France (Rnf) en 1994, de la fédération des conservatoires d'espaces naturels – Espaces naturels de France – en 1988, d'un établissement public inter-parcs, Parcs nationaux de France, en 2006…

6 Par exemple le réseau alpin des espaces protégés (1995), devenu Alparc, Europarc ou le réseau MedPan…

Plusieurs interlocuteurs ont insisté sur le fait que leur travail ne consiste pas à s'abstenir d'agir (être « payé à regarder pousser les plantes et vivre les animaux ») ni à se soumettre simplement à ce qui arrive en laissant faire la nature, mais à mettre en œuvre un corps de techniques original et éprouvé. La volonté d'affirmation professionnelle transparaît clairement quand les enquêtés expriment la fierté de ne plus improviser et de disposer de procédures, de méthodes, ou d'un corps de doctrines stabilisé et éprouvé :

> On fait référence à un corps de doctrines qui tend à se stabiliser et à se professionnaliser : c'est-à-dire qu'il y a encore vingt ans c'était relativement empirique et maintenant ça se professionnalise de façon intéressante, on a les plans de gestion, des méthodes qui deviennent bien connues.

Les personnes recrutées par les premiers espaces protégés français ne savaient pas clairement ce qu'elles allaient y faire (Mauz, 2003). Leurs successeurs peuvent se prévaloir d'avoir à leur disposition une somme de connaissances et d'expériences ainsi qu'un corpus de méthodes, de protocoles et d'outils. Ce registre de discours témoigne de l'aspiration à être reconnus comme des professionnels à part entière et efficaces, distincts des militants écologistes :

> Autant il y a quelques années c'était un peu les charlots qui venaient faire leur truc, autant maintenant c'est une expertise qui est reconnue et qui est des fois demandée.

Mais en même temps, la présentation de l'engagement dans les métiers de la nature et de leur exercice continue d'emprunter à un registre qui insiste au contraire sur la conviction et la passion : « On ne fait pas ça par hasard ». Que le travail se déroule au contact direct du terrain, devant un écran d'ordinateur, ou dans des salles de réunion, l'engagement dans les métiers de la nature est choisi sur la base de convictions profondes, dont la frontière avec la passion est souvent floue. Certains agents utilisent même la métaphore religieuse :

> Dans chargé de mission y a un missionnaire, et cette posture de missionnaire c'est vraiment quelque chose…, au sens fort du missionnaire, presque au sens de la mission évangélique, tu vois ce que je veux dire ? On se bat, on croit à quelque chose, on veut convaincre, on veut convertir, je prends ces termes, l'analogie des termes n'est pas innocente hein. C'est vraiment quelque chose où on est fortement impliqué, personnellement en tout cas.

Il s'agit d'un métier associé à la valorisation d'un bien commun (la nature, l'environnement ou la biodiversité) :

> On est là pour préserver la nature, pour les générations futures parce que je serais au centre des impôts, je pense que j'aurais peut-être une moins bonne [image] !

Les enquêtés sont d'ailleurs bien conscients que c'est aussi cet aspect qui entraîne bien souvent une adhésion de principe de la part des non professionnels, tout autant ou peut-être davantage que la mise en œuvre de savoirs spécifiques :

> J'ai pas entendu beaucoup de gens dire : tu fais un métier de merde. C'est pas vraiment vu comme ça.

La qualification de « beau métier », de « métier merveilleux » et la chance de travailler dans les métiers de la nature sont citées de façon récurrente, soit au présent, soit pour certains à propos d'un âge d'or passé. Même si la motivation s'émousse parfois avec le temps, l'amour du métier et la foi dans les métiers de la nature constituent donc un socle solide et commun d'engagement.

Une identité professionnelle en tension : entre expert et médiateur

Cependant, le type même de compétence et d'expertise qui fonde l'exercice des métiers de la nature tend aujourd'hui à se décliner dans deux registres distincts, constitutifs de deux figures professionnelles différentes : la première correspond à la figure de l'expert naturaliste tandis que la seconde correspond à la figure du médiateur. Si ces deux figures peuvent constituer deux profils coexistant plus ou moins facilement dans les établissements, elles représentent en même temps pour les individus deux pôles identitaires contrastés, entre lesquels apparaissent parfois des tensions.

L'expert et le médiateur

Dans cette partie sera essentiellement développé l'exemple des parcs nationaux, particulièrement illustratif de caractéristiques que l'on retrouve communément dans les autres organisations gestionnaires de la nature concernant ces deux figures professionnelles. La première figure typique récurrente dans les métiers de la nature est celle de l'expert, en l'occurrence de l'expert naturaliste. Dans les parcs nationaux, les gardes-moniteurs issus du concours national sont fréquemment de bons experts naturalistes, cette figure correspondant aussi à la perception dominante qu'ont les acteurs extérieurs :

> On est beaucoup perçus par les acteurs comme des naturalistes purs et durs, quand on vient leur parler de tourisme, de développement, ils nous regardent avec des gros yeux (...) Alors que nous, on ne se positionne clairement plus comme ça. On est perçus comme ça par l'intermédiaire de nos [agents de] secteurs, parce que ce sont des gens qui ont été recrutés sur des profils de naturalistes qui font de la protection de la nature, des protocoles scientifiques, et le cas échéant de la surveillance.

Ces propos témoignent d'une ambiguïté dans l'identification professionnelle mise en avant par l'enquêté, entre l'image qu'il a de lui-même et celle que se font les acteurs extérieurs à la profession. Ils mettent également en lumière les caractéristiques principales de cette figure de l'expert naturaliste, que l'on peut résumer ainsi : un travail nécessitant des compétences techniques pointues, centré sur le suivi de la faune et de la flore en proximité avec le terrain, la pédagogie à l'environnement et la surveillance avec éventuellement une mission de police de l'environnement ; une légitimité ancrée dans un savoir scientifique à visée universelle.

La seconde figure typique récurrente dans les métiers de la nature est celle du médiateur qui se distingue par ses ressources et son aptitude « à intervenir dans différentes arènes dont les règles, les procédures, les savoirs et les représentations peuvent être sensiblement éloignés. Les médiateurs forgent aussi leur compétence sociale par leur capacité à se poser en relais entre des groupes, des milieux, des organisations dont les intérêts divergent, mais parallèlement tenus de coopérer, de travailler ensemble (...). Leurs ressources reposent moins sur leur capacité à imposer un point de vue définitif que sur leur aptitude à mobiliser des partenaires, à produire des arguments, à formuler une représentation commune de la situation, à élaborer des compromis et inventer des solutions acceptables par tous » (Nay et Smith, 2002).

La montée en puissance de cette figure témoigne de la réalité et des effets d'un impératif délibératif dans l'action environnementale, ainsi que de son articulation problématique avec un impératif scientifique. Le catalogue de formations de l'Aten s'est par exemple progressivement étoffé et diversifié par des stages orientés vers les problématiques et les techniques de management, les enjeux et les logiques d'acteurs, ou encore la communication et l'éducation. Dans les parcs nationaux, c'est le cas par exemple d'un chargé de mission tourisme qui va négocier des partenariats avec les communes ou le conseil général sur un réseau de sentiers, et de façon encore plus nette des chargés de mission charte. En application de la loi du 14 avril 2006, ces derniers doivent coordonner l'élaboration d'une charte, projet de territoire à construire avec des acteurs locaux aux intérêts souvent divergents. On a vu plus haut comment différentes structures pouvaient être amenées à collaborer sur certains projets comme l'élaboration de mesures agri-environnementales, même des structures qui n'ont pas l'habitude travailler ensemble : le travail en collaboration est en effet souvent affiché comme une nécessité par les professionnels rencontrés pour garantir une efficacité à leur action, du fait que les nouvelles lois de décentralisation renforcent la nécessité d'ouverture et de dialogue voire de collaboration et d'alliance, en particulier dans un domaine où les obligations réglementaires n'existent pas toujours et où les cadres sont peu contraignants. Plusieurs structures se positionnent ainsi en facilitateurs, médiateurs ou incitateurs, se contentant d'élaborer les grandes lignes d'une politique environnementale (Schéma de gestion des espaces naturels sensibles pour le conseil général, Schéma de développement durable pour le syndicat intercommunal Espaces Mont-Blanc, charte des alpages de Haute-Savoie pour la Sea) en sous-traitant les expertises nécessaires et en tâchant d'y rallier les autres acteurs. Lors de la modernisation des Znieff, la Diren a par exemple choisi d'informer et de consulter les collectivités de manière directe (envoi de courriers) selon une démarche qu'elle justifie dans les termes suivants :

> Ça veut dire que de moins en moins l'administration, une association ne peut fonctionner dans sa tour d'ivoire : elles sont obligées de convaincre, de collaborer à des programmes pour être entendues, pour être comment dire, pour être légitimes sur un territoire.

Les enquêtés pointent fréquemment la montée des partenariats avec les acteurs locaux et du rôle d'assembleur qu'y tiennent les espaces naturels. Il s'agit moins de faire soi-même que d'inciter et d'aider à faire et de servir de relais et de point de rencontre entre l'ensemble des intervenants sur le territoire, ce qui contraste avec un rôle autrefois dominant de gestion directe :

> On est de moins en moins en action directe en disant : voilà je monte une opération, je définis un budget en tant que technicien. On est plus dans la logique : j'identifie mes acteurs avec qui je pourrais travailler, faire des choses en commun et essayer de mutualiser les moyens humains et financiers.

Résumons les principales caractéristiques du médiateur : un travail nécessitant des compétences relationnelles, centré sur l'animation, la négociation et la construction de partenariats ; la recherche d'une légitimité ancrée dans le processus de mise en discussion.

Bien sûr, ces deux profils ne résument pas à eux seuls l'ensemble des fonctions et des activités exercées par les professionnels de la nature. Celles-ci ont d'ailleurs eu tendance à se multiplier et à se diversifier, à mesure que les espaces naturels ne se sont plus occupés seulement des espèces emblématiques (par exemple les grands ongulés en milieu montagnard) mais également des espèces dites ordinaires. Il s'est ainsi produit une extension continue du champ du vivant pris en compte par les professionnels de la nature : les êtres considérés sont de plus en plus nombreux, et les manières de prendre en compte chacun d'eux se multiplient également. Si l'on prend l'exemple du bouquetin, qui a beaucoup occupé les agents des parcs nationaux de montagne depuis leur création, on voit clairement que les activités le concernant sont aujourd'hui nombreuses et diversifiées. Les animaux sont observés sur le terrain, mais les protocoles d'observation varient beaucoup selon l'objectif : il s'agit parfois d'un comptage, qui mobilise l'ensemble du personnel et nécessite jumelles et longues-vues, ou d'un suivi sanitaire, qui passe par l'observation des animaux à la longue-vue, par des prélèvements effectués lors des captures ou encore par la recherche de cadavres en vue d'analyses. Il s'agit d'autres fois d'un protocole scientifique, visant à étudier les stratégies de migration des animaux et nécessitant le suivi d'individus équipés de colliers émetteurs, ou encore d'une sortie pédagogique à destination de touristes ou de scolaires. D'autres pratiques encore se sont développées autour des bouquetins, comme l'organisation de discussions avec des éleveurs pour répondre à leurs plaintes concernant la présence des ongulés dans les prés de fauche, au printemps, ou pour les convaincre de disposer les pierres à sel de manière à diminuer les risques de contamination sanitaire avec les troupeaux domestiques. Il faut aussi comptabiliser le temps passé, présenter ce qui a été entrepris, les résultats obtenus et les problèmes rencontrés[7].

Cependant, au-delà de cette diversification des fonctions et des activités, les figures de l'expert naturaliste et du médiateur semblent constituer aujourd'hui des pôles transversaux structurant les revendications identitaires des professionnels de la nature ; or il s'agit de pôles *a priori* contradictoires du fait que, comme le montrent leurs caractéristiques respectives, ces figures sont en partie opposées en termes de situation d'action (proximité à la nature *versus* proximité aux acteurs humains), de compétences requises (techniques *versus* relationnelles), et de légitimité (scientifique *versus* procédurale construite dans la discussion).

La coexistence des profils

Au niveau des établissements, la coexistence des profils d'expert naturaliste et de médiateur peut se traduire concrètement par des tensions entre agents : tel chargé de mission pastoralisme sera par exemple accusé d'être « vendu » à la profession agricole par ses collègues naturalistes, qui se voient eux-mêmes reprocher leur « sectarisme ». Dans le cas des parcs nationaux, ces tensions sont d'autant plus marquées qu'elles se superposent souvent à d'autres clivages : siège/terrain, statut d'ingénieur/statut de technicien ou d'agent technique, ou encore à des différences de vision de la protection de la nature qui ont été développées plus haut, entre absence d'intervention et gestion dynamique. Il semble que l'on assiste aujourd'hui à un rééquilibrage entre la légitimité scientifique historique et la légitimité délibérative qui se surimpose

---

7 On peut considérer que chacune de ces pratiques, distribuées dans l'espace et dans le temps, donne naissance à un être différent en suivant la notion d'*enactment* développée par A.M. Mol (2002).

aujourd'hui, à tel point que les logiques simples d'opposition ou d'évitement entre les deux figures s'émoussent, en faisant place – au niveau également des individus et des figures professionnelles – à la question de leur articulation. Celle-ci peut notamment reposer sur l'idée que l'expertise naturaliste constitue un prérequis nécessaire pour entrer en discussion et pouvoir jouer pleinement un rôle de médiation :

> Mais ça veut dire, pour être clair, ce métier-là, de généraliste un peu, il ne peut s'envisager qu'à partir du moment où il y a une vraie connaissance, une vraie culture du patrimoine (...) il faut se rendre légitime à animer des réseaux. Et on se rendra légitimes que quand on est reconnus sur un métier, sur des compétences [sous entendues naturalistes].

L'articulation entre les deux profils peut aussi reposer sur l'idée que les positions des experts naturalistes sont utiles en tant que positions extrêmes et faire-valoir de positions plus modérées, facilitant la dynamique de négociation et de médiation :

> Parfois, il faut des discours extrêmes pour nous, nous placer dans une situation d'intermédiaire, et nous jouer les gentils pendant que les collègues jouent les méchants, comme ça on est plus en mesure d'équilibrer les compromis et de faire avancer les enjeux de préservation...

Mais, même si certains agents commencent à penser l'articulation des deux profils professionnels en termes de ressource pour leur institution, une majorité d'enquêtés continue plutôt à souligner la difficulté à les concilier. Le risque existe selon certains que la montée de la capacité des espaces naturels à constituer et à animer des réseaux, liée au développement du profil de médiateur, ne mine leurs compétences naturalistes « de base », qui pourtant fondent leur légitimité première en tant qu'animateur de réseau :

> Les spécialistes sont un peu marginalisés actuellement parce que chez les gestionnaires, on a privilégié beaucoup les qualités de pragmatisme et de gestion de projet, qui sont indispensables, mais il faut aussi des vrais spécialistes ! Il faut des gens qui sachent reconnaître les oiseaux, les plantes, et comprennent les fonctionnements écologiques des milieux !

Cette nouvelle orientation de l'exercice professionnel pose aussi question à de nombreuses personnes qui craignent aujourd'hui de devoir se transformer en agents de développement. Ils craignent de perdre ce qui constitue le cœur et la spécificité de l'action des espaces naturels et soulignent la nécessité de circonscrire leur domaine d'intervention afin d'éviter que les métiers des espaces naturels ne deviennent ce que Jeannot (2005) a qualifié de « métiers flous », comme l'explique un agent de parc naturel régional :

> Comment on garde notre spécificité pour pas se noyer parce qu'à vouloir tout faire on ne fait plus rien ? [...] Tout ce qui est économie sociale et soli-

daire par exemple : certes on met des choses dans la charte mais en même temps on se dit concrètement c'est quoi le métier du parc ? C'est quoi la spécificité, c'est quoi le plus parc là-dedans ? Est-ce que c'est vraiment du ressort d'un parc ?

Enfin, le recrutement de personnes spécialisées dans les activités de communication, d'animation et de concertation n'a pas toujours été facile à admettre pour les « anciens », recrutés sur d'autres compétences, plus naturalistes, qui se considèrent comme les piliers des espaces naturels et qui estiment leurs compétences et leur expérience insuffisamment prises en compte. En témoigne cette exclamation indignée d'un salarié :

> On a des problèmes financiers et quand on trouve de l'argent c'est pour créer un poste à temps plein en communication !

Les pratiques de travail : entre technicisation, bureaucratisation et proximité à la nature

Les pratiques de travail quant à elles ont été l'objet d'un mouvement net de technicisation et de bureaucratisation ; comme dans le cas de la formalisation des savoirs nécessaires à l'exercice des métiers, ces nouvelles caractéristiques constituent à la fois les sources d'une revendication de crédibilité professionnelle et les cibles d'une autocritique ancrée dans un souci de maintien de la proximité au terrain et à la nature.

Bureaucratisation et technicisation

Que l'on considère aujourd'hui les horaires de travail des personnes, les règles de sécurité qu'elles appliquent ou encore les instruments qu'elles utilisent (ordinateurs...), on constate une homogénéité assez grande entre les différents professionnels de la nature, ainsi qu'entre ces professionnels et ceux d'autres secteurs d'activité. Ici comme ailleurs, la bureaucratisation du travail s'est notamment traduite par une exigence croissante de rendre des comptes. Initialement très sommaires, voire inexistants, les rapports d'activité se sont progressivement étoffés, jusqu'à devenir des documents très élaborés, détaillés, soignés, de plus en plus largement diffusés et aujourd'hui souvent mis en ligne. S'il est en partie confié à des personnels dans une certaine mesure spécialisés sur les tâches administratives, le travail d'*accountability* retentit sur l'ensemble des agents. Une comptabilité analytique du temps de travail a ainsi été mise en place dans des espaces protégés, dont les personnels étaient initialement très libres d'organiser leur travail à leur guise. L'apparition dans certains établissements de pointeuses – intégrées à l'ordinateur qu'il faut démarrer pour commencer officiellement la journée – symbolise bien, aux yeux des agents, la bureaucratisation de leur travail. L'obligation de programmer les activités s'est elle aussi accrue, note un agent de l'Oncfs :

> À partir de la fin des années 80, on a commencé aussi à vouloir prendre la gestion de l'organisation opérationnelle cette fois-ci des personnels, donc leur organisation territoriale, leur résidence administrative, le découpage de leur brigade. On a expliqué que chaque service départemental devait avoir une prévision d'activités, avec un bilan d'activités que l'on puisse contrôler, enfin des choses, le B A BA d'une gestion d'un service de l'État.

Les professionnels de la nature ont dû, à des degrés divers, intégrer à leur travail des activités de programmation, de planification, de présentation et de restitution de ce qu'ils font.

Parallèlement, des règles et des normes sont entrées en vigueur, qui encadrent les pratiques professionnelles et tendent à réduire leurs spécificités. Ces règles ont notamment visé à sécuriser des activités (par exemple, la lutte contre le braconnage), notamment celles exercées dans des milieux (haute mer et haute montagne) susceptibles d'être dangereux, de manière à réduire le nombre et la gravité des accidents du travail.

Enfin, si l'on revient à la question des techniques abordées cette fois-ci du point de vue des professionnels qui les mettent en œuvre dans l'exercice quotidien de leur métier, la diffusion de techniques modernes de recueil, de traitement, de visualisation et de transfert des données concourt elle aussi à une standardisation des pratiques et des savoir-faire. Les professionnels de la nature sont de plus en plus familiarisés avec les nouvelles technologies de l'information et de la communication et l'on retrouve, au sein même des métiers de la nature, le mélange mis en évidence par Bess (2003) d'une fascination pour la technologie et d'un attachement à la préservation d'une proximité à la nature. Les outils informatiques occupent dans les espaces protégés ou dans des établissements comme l'Oncfs et l'Onf une place tout aussi importante que dans le secteur bancaire ou médical. L'ordinateur est ainsi en passe de devenir un instrument de terrain ordinaire, permettant la numérisation des données naturalistes au moment et sur le lieu même de leur recueil (dans les espaces protégés, le travail de saisie était encore récemment effectué par des secrétaires, dont le travail se recentre sur des tâches administratives). Une secrétaire de secteur d'un parc national évoque l'arrivée prochaine de nouveaux ordinateurs portatifs :

> Là justement on parle de Pad, de petits ordis de terrain, là, d'ici quelques mois et les agents iront sur le terrain avec. Y a peut-être un Gps dessus, je ne sais pas, je ne l'ai pas encore vu. Il va y avoir deux journées de formation avec l'agent qui va le recevoir, et les gens saisiront sur place l'animal ou la plante qu'ils ont vus, la trace de…, enfin voilà.

Les systèmes d'information géographique et les bases de données se sont également banalisés, comme le note le directeur d'un conservatoire d'espaces naturels :

> Hors du SIG et des bases de données, point de salut. C'est-à-dire qu'ici, je ne pourrai plus recruter quelqu'un qui ne sait pas maîtriser ni le SIG ni les bases de données simples. Quand je dis maîtriser, ça ne veut pas dire être spécialiste, ça veut dire savoir utiliser au jour le jour les bases de données.

Entre travail de bureau et maintien de la proximité à la nature

L'élaboration d'outils spécifiques et la capacité à manier des techniques sophistiquées ont contribué à donner du crédit à la volonté d'affirmation professionnelle des travailleurs de la nature. Tout comme la disponibilité de corps de doctrines et de méthodes formalisés, les instruments techniques contribuent à les démarquer de ceux qui partagent leur engagement idéologique mais qui ne manient pas ces outils, ou du moins pas au même degré. On retrouve ici l'usage d'une forme de spécialisation et d'expertise dans l'optique de se démarquer du militantisme et de faire exister les professionnels de la nature en tant que professionnels :

> J'ai été imprégné de ce souci de sauver la planète quoi... bon alors pas en adhérant à *Conservation International* mais plutôt en travaillant dans des outils de gestion.

Mais en même temps, les travailleurs portent un regard critique sur la bureaucratisation et la technicisation de leurs activités. Ils notent que s'opère là une montée du travail de bureau par rapport au travail de terrain. Le suivi d'animaux marqués par l'observation directe, qui nécessitait une connaissance approfondie des terrains et des animaux, peut ainsi céder progressivement la place à un suivi à distance, par exemple par le biais de colliers émetteurs. Si la prééminence prise par le travail de bureau sur le travail de terrain concerne au premier chef les agents des sièges des espaces naturels, elle n'est pas sans incidence sur la vie quotidienne des agents de terrain qui, contrairement à leurs aînés, manient les ordinateurs de manière routinière. En outre, nombre d'agents d'espaces naturels font désormais le choix de ne pas habiter directement sur leur lieu de travail. Si cette possibilité garantit un alignement des modes de vie des travailleurs de la nature avec ceux des travailleurs d'autres secteurs, certains enquêtés ont critiqué cette décontextualisation qu'ils pensent susceptible de causer deux types de problème. Premièrement, ils craignent que des « intermittents de la nature » n'aient qu'une connaissance discontinue, fragmentaire, des milieux et de ce qui s'y passe, ce qui peut selon eux avoir des conséquences négatives sur la gestion. Pour certains, le bon professionnel des espaces naturels, apte à prendre des décisions pertinentes, devrait y être en permanence immergé et faire partie du territoire sur lequel il intervient. Deuxièmement, ils voient dans cette évolution un risque de dégradation des liens avec les habitants, que l'on ne fréquente plus que dans l'exercice de son métier, l'aspect police et surveillance devenant alors prédominant. La mobilité croissante des agents, qui ne restent plus que quelques années au même endroit, soulève le même type de critiques : des enquêtés pointent la difficulté d'acquérir une connaissance approfondie du milieu, naturel et social, dans lequel ils sont impliqués trop peu de temps, voire un risque de désynchronisation avec les rythmes de la nature, leurs métiers connaissant la même accélération (Rosa, 2010 [2005]) que l'ensemble de la société.

Malgré des différences d'appréciation, globalement, nombre de professionnels des espaces naturels ne vont pas suffisamment sur le terrain à leur goût, comme le souligne l'un d'eux en parlant des méthodes de cartographie et d'identification des habitats :

> C'est la petite fenêtre qui permet de garder un lien avec le vivant directement mais il y en a pas beaucoup malheureusement.

Il s'agit même là d'un motif qui peut justifier la réorientation professionnelle de certains d'entre eux, dont les attentes de proximité à la nature ont été déçues.

Bilan

Les métiers de la nature sont-ils progressivement devenus des métiers comme les autres ? Parmi les enquêtés, ceux qui arrivent au terme de leur trajectoire professionnelle se rappellent n'avoir guère été pris au sérieux au début de leur carrière : travailler dans les espaces naturels n'apparaissait pas très crédible. S'engager dans l'environnement pouvait sembler un choix farfelu, une lubie ou une mode. Un agent de l'Oncfs raconte avoir tenu à donner à ses futurs employeurs des gages de sérieux et s'être notamment efforcé de se distinguer de la mouvance hippie :

> Je suis allé voir la fédération départementale des chasseurs du département où j'habitais, en leur disant, pas tout du reste, parce qu'il faut se rapporter aux années 75 : on est quand même dans les années baba cool donc j'avais surtout pas envie, dans un milieu qui était très rural, d'arriver en ayant l'air de dire : « voyez, je faisais des études et puis je m'ennuie et j'ai envie de voir comment ça se passe chez vous ». Donc j'avais expliqué quand même que j'avais passé mon bac mais j'avais beaucoup insisté sur ma filiation et en disant que j'étais intéressé.

Par rapport à ces difficultés initiales, à la faiblesse des moyens et de l'écho rencontré, on voit d'abord une nette évolution dans le sens d'un gain de crédibilité lié à une professionnalisation des métiers de la nature. Les travailleurs de la nature ont aspiré à être reconnus comme des professionnels à part entière et ils y sont dans une large mesure parvenus, en se distinguant à la fois de leurs aînés et des « amoureux de la nature ». Une communauté professionnelle est aujourd'hui en voie de constitution, liée à la standardisation des formations, des statuts et des compétences, à l'acquisition d'une technicité, à l'essor de la programmation et du compte rendu des activités, ainsi qu'à l'adoption croissante d'un rôle de médiateur contribuant à l'insertion dans les jeux d'acteurs locaux. Les discours recueillis lors de l'enquête reflètent l'ensemble de ces évolutions, qui tendent à en faire de « vrais métiers » et non plus des activités ancrées dans l'idéologie ou le militantisme et rapprochent les métiers de la nature d'autres secteurs professionnels plus classiques. Pourtant, cette enquête montre en même temps, chez les acteurs, l'existence d'une tension entre un registre de valorisation professionnelle insistant sur la rationalisation et la « rentrée dans le rang » des métiers de la nature, et des revendications de singularité : partage d'une conviction et d'une passion, critiques d'une posture de médiateur généraliste, nécessité du maintien d'une proximité au terrain…

Certes, cette tension est loin de s'exprimer de manière similaire chez tous les travailleurs de la nature et des différences fortes existent, que l'on peut relier aux générations concernées, aux types de postes occupés ainsi qu'aux établissements employeurs. En effet, même si l'on constate un rapprochement entre les divers espaces naturels, la segmentation à l'intérieur de ces institutions est probablement de plus en plus importante : de profondes différences de statut et de salaires divisent les travailleurs de la nature, au sein d'institutions souvent assez hiérarchisées ; les différences d'intérêts et d'identités sont fortes entre agents de terrain et agents des sièges, entre ceux qui se présentent d'abord comme des naturalistes et les autres, ou encore entre les générations.

Au final, la montée du modèle de gestion de la biodiversité s'accompagne d'une réelle dynamique de professionnalisation[8] des métiers de la nature, qui s'ancre dans la formalisation des compétences et des profils des professionnels, ainsi que dans la technicisation et dans la bureaucratisation de leurs activités quotidiennes. Pourtant cette professionnalisation n'apparaît pas comme une professionnalisation ordinaire. C'est une figure de professionnalisation singulière et paradoxale qui se dessine, dans le sens où la constitution et l'alignement du secteur des métiers de nature ne semblent pouvoir exister qu'à la condition précisément de conserver une certaine distance vis-à-vis d'un

---

[8] On donne au terme de « professionnalisation » le sens d'un mouvement de définition et de défense d'une juridiction professionnelle spécifique (Abbott, 1988). Le modèle de professionnalisation des métiers de la nature est à rapprocher des analyses conduites dans le cas des métiers du développement (Jeannot, 2005) ou des métiers du conseil (Divay et Orianne, 2010).

modèle de standardisation des savoirs et compétences, de bureaucratisation, de technicisation et d'ouverture à la médiation qui caractérise d'autres secteurs.

5.2. Entrepreneurs de conciliation

Les métiers de la nature sont aussi marqués, on l'a suggéré plus haut, par la montée d'activités et même de postes dédiés à la médiation et à la participation. Cela n'est d'ailleurs pas contradictoire avec l'idée d'une formalisation des compétences ni même d'une technicisation des activités conduites par les professionnels de la nature : les activités de médiation exigent en effet des savoir-faire particuliers, techniques de prise de contact, de négociation, d'animation, de consultation, de conduite de réunion… Il s'agit là d'une expertise propre aux professionnels de la médiation et de la conciliation.

Certains de ces médiateurs et conciliateurs ont joué un rôle particulier dans un rapprochement entre le monde de la protection de la nature et celui de l'agriculture de montagne. Ce sont des chargés de mission agriculture ou pastoralisme employés par des parcs nationaux ou régionaux depuis les années 1990 environ. Convaincus que l'avenir de la protection passe par l'avènement de pratiques négociées de gestion de la faune et de la flore, ils ont œuvré à l'ouverture de lieux de dialogue et d'apprentissage entre des groupes d'acteurs aux rapports traditionnellement conflictuels. Ils se sont consacrés à susciter une dynamique de production de pratiques et de savoirs pour la cogestion de la biodiversité, et ils ont tout particulièrement mobilisé des chercheurs pour faciliter cette dynamique. Arrêtons-nous un moment sur l'expérience singulière de ces entrepreneurs de conciliation, qui en dit beaucoup sur la manière dont les micropolitiques de la biodiversité peuvent opérer pour rapprocher les protecteurs et leurs « ennemis » traditionnels, les exploitants agricoles, grâce à l'entremise de chercheurs travaillant sur les relations entre les pratiques agricoles et la biodiversité. La mise en parallèle de l'histoire de trois parcs – deux parcs nationaux (Mercantour et Vanoise) et un parc régional (Bauges)[9] – va permettre de décrire les conditions d'un rapprochement historique entre protecteurs et agriculteurs autour

---

[9] 35 entretiens semi-directifs ont été effectués avec des agents des parcs, des membres de leurs conseils scientifiques, des techniciens et professionnels agricoles et des chercheurs, complétés par des observations participantes (visites d'alpages, participation à des conseils scientifiques, à des réunions de préparation des rencontres organisées par le parc national du Mercantour et aux rencontres elles-mêmes) et par l'exploitation de documents (documents d'objectifs Natura 2000, charte de parc, compte rendu de conseils scientifiques des parcs nationaux). L'enquête sur le parc des Bauges a été réalisée grâce au financement de l'ANR dans le Programme Agriculture et Développement Durable, projet PRO-DD.

de certains objectifs de cogestion de la biodiversité, tout en pointant les différences de degré de ce rapprochement, qui reste globalement précaire et parfois très limité.

L'arrivée des chargés de mission agriculture dans les parcs

Dans le Mercantour

La création du parc du Mercantour en 1979 a suscité une vive opposition des populations locales (Merveilleux du Vignaux, 2003) et les relations ont d'emblée été difficiles avec les professionnels de l'élevage. Au début des années 1990, l'arrivée des loups dans le massif – le premier des Alpes françaises à être colonisé – a aiguisé les tensions : les agents de terrain se sont fortement impliqués dans les constats d'attaques des troupeaux et dans le suivi des prédateurs, qu'ils ont considérés comme un atout pour la biodiversité. Des conflits violents ont éclaté, allant jusqu'à des agressions verbales et même physiques d'agents du parc par des éleveurs exaspérés par les dégâts.

En 2002, dans un climat un peu apaisé, le parc a recruté son premier chargé de mission pastoralisme, qui a effectué un important travail auprès des professionnels du pastoralisme et a donné aux agents de terrain le sentiment de « ne plus être seuls face aux éleveurs ». Cette personne a depuis lors pris le poste de directeur adjoint tandis qu'une personne spécifiquement formée à l'agronomie lui succédait[10].

Avec l'arrivée en 2004 d'un nouveau directeur du parc, l'initiative a été lancée d'organiser un colloque scientifique international, qui a été repensé progressivement comme des rencontres avec des scientifiques visant à construire une vision partagée concernant les effets environnementaux des pratiques d'élevage. Ces rencontres ont été intitulées « Rencontres pastoralismes, biodiversités et paysages » et se sont déroulées du 28 au 30 octobre 2008. Avec près de 300 participants, l'affluence a dépassé toutes les espérances des organisateurs, au point que les présentations plénières ont dû être retransmises dans une deuxième salle alors que les rencontres étaient organisées pendant les vacances de la Toussaint dans un lieu que les participants ont mis plusieurs heures à atteindre. Ces rencontres ont réuni des chercheurs de plusieurs disciplines (phytosociologues, écologues, chercheurs en SHS) et institutions (Cnrs, Inra, Cemagref, etc.), des gestionnaires de la nature (espaces protégés, Onf, Oncfs, etc.) et des professionnels de l'élevage

[10] Le recrutement de chargés de mission agriculture ou pastoralisme dans les années 1990 au sein de parcs nationaux et régionaux n'est pas le seul fait des trois parcs étudiés.

(éleveurs, bergers, membres d'organismes de conseil et d'enseignement agricole).

En Vanoise

Si les premiers garde-moniteurs de Vanoise, avec leurs origines locales et souvent paysannes, pouvaient assurer une proximité avec les éleveurs, les relations se sont tendues dans les années 1980, notamment après que la création d'un concours national en 1989 a entraîné le recrutement de gardes issus d'un milieu urbain (cf. la codification de l'accès aux métiers de la nature évoquée ci-dessus). Certaines personnes arrivées au siège du parc au milieu des années 1990 avaient suivi une formation en agronomie et ont souhaité reconnecter le parc au monde agricole, notamment sur le plan institutionnel. Ce rapprochement s'est fait tout d'abord par l'établissement de relations avec la chambre d'agriculture (notamment avec la création d'un poste « hybride », payé par le parc mais hébergé à la chambre d'agriculture). Il a débouché sur la mise en place d'une Opération Locale Agri-Environnementale autour des prairies de fauche. Les mesures agri-environnementales qui ont suivi cette première initiative n'ont cependant pas permis au parc d'intervenir comme il le souhaitait dans la définition des activités agricoles sur son territoire.

Le parc a alors recruté son premier chargé de mission pastoralisme en 2001, qui a entamé une démarche concertée de rédaction d'un Schéma de gestion des espaces agricoles en 2003 avec la chambre d'agriculture. Cette démarche visait à lister et hiérarchiser les enjeux agricoles d'une part et les enjeux environnementaux d'autre part sur les différents alpages du territoire du parc. La construction du SGEA s'est faite en parallèle avec la rédaction du document d'objectifs Natura 2000 dont le parc est opérateur. Un des enjeux des deux documents était notamment lié au fait que les agriculteurs, souhaitant dans nombre de cas intensifier leur activité sur la majorité des milieux afin de garantir leur revenu et/ou de diminuer la pénibilité de leur travail, menaçaient alors des milieux jugés fragiles du point de vue environnemental par des risques liés au surpâturage (zones d'éboulis), à l'irrigation (prairies d'altitude), à la transformation des milieux (landes) ou encore à la construction d'infrastructures (pistes).

Dans les Bauges

Le massif des Bauges est marqué par la présence de la plus grande réserve nationale de chasse et de faune sauvage de France. Créée en 1913, elle a été, jusqu'à la création du parc naturel régional en 1995, le principal acteur de la protection de la nature sur le massif. Jusqu'au milieu des années 1980, les enjeux de protection de l'environnement sont énoncés essentiellement en termes de restauration et de développement des populations de grands ongulés sauvages (notamment chamois). Il s'agissait de protéger ces populations des activités de chasse tout en leur procurant un habitat favorable, impliquant une présence minimale de l'homme et en particulier de l'élevage. Cette politique connaît un vif succès sur le massif, qui possède actuellement la plus grande population française de chamois, dans laquelle des prélèvements ont également permis de repeupler d'autres massifs alpins. Bien que l'exploitation par pâturage n'ait jamais totalement disparu du territoire de la réserve sur certains secteurs privés, les agriculteurs ont cependant été exclus de l'ensemble des alpages, dans des circonstances souvent fortement conflictuelles, notamment suite à la destruction des bâtiments d'exploitation agricole dans les années 1950. Il s'agissait alors de protéger la faune sauvage des risques de transmission de maladies portées par les animaux domestiques, et plus largement, de laisser place aux seuls animaux sauvages.

La création du parc naturel régional en 1995 va contribuer à une modification de ces rapports historiquement conflictuels entre la réserve et le monde agricole en tissant de nouvelles connexions entre les intérêts des uns et des autres. Le parc contribue d'abord à la genèse d'une appellation d'origine contrôlée, l'AOC Tomme des Bauges, relançant une dynamique de développement agricole reposant sur la qualité du terroir. Le parc intervient ensuite dans la politique de la réserve, dont il est troisième cogestionnaire depuis sa création (avec l'Office national des forêts et l'Office national de la chasse et de la faune sauvage). Il lance des inventaires et des études sur des espèces relevant moins de la grande faune emblématique que d'une nature plus « ordinaire » – insectes, oiseaux, flore[11].

Or le territoire du parc se situe à une altitude moyenne (entre 1 000 et 2 000 m) et se trouve donc particulièrement sensible aux dynamiques d'embroussaillement liées à la déprise agricole. Gestionnaires et élus locaux considèrent que ces phénomènes d'embroussaillement induisent une perte de biodiversité (disparition des nombreuses espèces vivant dans les prairies ou à la lisière des forêts, comme le tétras lyre ou petit

[11] Cette inflexion dans les espèces prioritaires pour la réserve s'est bien sûr faite progressivement, du fait du changement de génération des gardes (l'« ancienne » génération abandonnant difficilement sa mission traditionnelle de protection des chamois), d'un transfert des moyens auparavant attribués aux opérations de captures à des opérations de recherche et de suivi concernant une plus large palette d'espèces. Cette évolution a de plus « bénéficié » d'une épidémie de kératoconjonctivite touchant un grand nombre de chamois sur le territoire à la fin des années 1970, attribuée pour partie aux effets de la faible pression de chasse sur la structure des populations.

coq de bruyère), une perte de valeur paysagère et touristique ainsi qu'une vulnérabilité aux incendies et à l'érosion.

Pâturage entretenu par les troupeaux (Bauges, plateau de la Leysse)

Photo : C. Granjou (2006)

Le chargé de mission Natura 2000 du parc, devenu par la suite chargé de mission agriculture, va contribuer à la mise en place de deux dispositifs visant alors à soutenir ou réhabiliter l'élevage afin de permettre la réouverture des milieux, bénéfique à la biodiversité. Il s'agit d'une part d'un Plan local de gestion de l'espace (Plge) et d'autre part de Natura 2000. Les modes d'action prévus par ces deux dispositifs comportent à la fois la définition de contrats sur le modèle des mesures agri-environnementales (par exemple en retardant le pâturage, en interdisant la fertilisation) mais aussi le financement de travaux d'équipement agricole (pistes, points d'eau) pour encourager le maintien ou la reprise de l'activité d'élevage sur certains secteurs, ainsi que des opérations de réhabilitation d'alpages abandonnés, visant à y réinstaurer une activité de pâturage – comme sur l'alpage de l'Armène.

Les profils des entrepreneurs de conciliation

Dans les trois cas, les chargés de mission agriculture ont contribué à un rapprochement entre parc et profession agricole en menant un travail actif d'intéressement et de recrutement dans une voie de conciliation entre des positions environnementales et agricoles radicales.

Des professionnels convaincus

Ces professionnels ont défendu la nécessité de trouver une voie intermédiaire entre production agricole et protection de la nature et en tentant d'y enrôler d'autres acteurs, agriculteurs, collègues ou chercheurs travaillant sur les liens entre conservation de la biodiversité et pratiques agricoles. Disposant d'une familiarité avec le monde agricole liée à une formation en agronomie ou à une expérience professionnelle antérieure agricole, les chargés de mission pastoralisme sont profondément convaincus de la pertinence et de la validité d'une ouverture à la coopération entre profession agricole et protection de l'environnement. L'envie de travailler à l'articulation entre la protection de la nature et l'agriculture se retrouve ainsi dès leurs choix d'études et de formation, comme témoigne l'un d'eux :

> J'ai choisi la spécialisation Gestion de l'espace rural et Environnement [...] Donc, très axée sur la gestion des milieux de montagne quoi, quand même. Et très axée sur les questions... sur les interactions agriculture/environnement. Donc, on avait eu déjà, même à cette époque-là, des interventions de [nom d'un expert] ...donc, vraiment là qui a confirmé vraiment que c'était des choses qui me plaisaient beaucoup quoi. Donc... en troisième année, j'ai cherché à faire mon stage donc toujours dans ce thème-là...

Pour tous ces entrepreneurs de conciliation, les zones frontières ne sont pas des lieux où l'on se retrouve par hasard, mais bien en conséquence d'une conviction et d'un engagement. Cette même personne témoigne de l'intérêt qu'elle a trouvé dans un travail antérieur, visant à « croiser les visions » (pour reprendre ses termes) entre les décisions d'aménagement du territoire, le développement des activités agricoles et les impacts sur la biodiversité. Le poste de chargé de mission pastoralisme au parc du Mercantour correspondait pour elle à la satisfaction de ses envies et ambitions professionnelles. Pour cette personne, il s'agit d'un engagement dans une volonté de dialogue avec les éleveurs, fondée sur la conviction que des valeurs et des objectifs communs entre eux et le monde environnemental existent :

> [L'objectif est] que nous, on arrive à leur faire comprendre [aux agriculteurs] que... que pour nous, ils sont importants et que leur activité est importante pour nous. C'est déjà quelque chose à partager. [...] cette reconnaissance mutuelle... mais le fait que... même si... par exemple, ce que eux appellent « alpage » et nous, on va l'appeler « pelouse alpine de machin

chose »... c'est la même chose qu'on a tous envie de préserver. [...] enfin, il y a plein de choses sur lesquelles on peut avoir des objectifs communs. Encore heureux !

La dimension créative et expérimentale de leur travail, dans des postes explicitement dédiés au dialogue avec la profession agricole, a souvent contribué – au moins dans un premier temps – à une expérience positive. Lors d'une visite sur l'alpage de l'Armène, le chargé de mission Natura 2000 décrit ce site comme un site pilote ou, avec une pointe d'humour, un « site brouillon », insistant avec enthousiasme sur le fait qu'il ne sait pas ce qu'il en ressortira mais que c'est là ce qui l'intéresse. À plusieurs reprises, il insiste sur la dimension de « test » de ses démarches, par exemple les tout premiers contrats Natura 2000 :

> Ça nous a permis de tester concrètement avec les agriculteurs, avec les partenaires, les partenaires institutionnels, qui étaient très réticents à l'époque [...] Donc voilà, tester les actions sur le terrain, regarder avec eux ce que ça veut dire gérer la biodiversité en alpages ou sur des pelouses sèches.

Plusieurs témoignent de l'intérêt qu'ils trouvent à manipuler des sujets où les réponses ne sont pas binaires mais demandent une réflexion au cas par cas sur le long terme. La chargée de mission pastoralisme du Mercantour souligne par exemple l'intérêt d'une analyse en contexte, la plus ajustée possible aux conditions géophysiques du lieu mais aussi au type de pratiques qui y ont cours, par exemple le brûlage de la végétation pour ne laisser que la pelouse à pâturer aux animaux :

> Enfin l'idée qu'il pourrait y avoir une doctrine où « brûler, c'est bien », ou « brûler, c'est mal » : c'est vrai que déjà on voyait que même les résultats, sur un versant d'une montagne, on avait ...enfin rien que sur des relevés de végétation, on avait une augmentation de la diversité floristique, et puis, de l'autre côté [de la montagne], c'était le contraire.

Il s'agit en somme d'une exigence de connaissance toujours relancée, qui empêche de céder au confort d'une règle générale :

> Ça serait confortable de se dire « hop ! là, c'est tant, c'est tant, c'est tant et c'est tant. Hop ! on n'en reparle plus pendant dix ans et on va juste contrôler... Ah ! vous en avez mille cinq cents deux [moutons]... et beh ! ». ça serait confortable, mais ça ne serait pas pertinent, je pense.

L'investissement dans les zones frontières procure la satisfaction de travailler dans un domaine où les questions restent ouvertes sans pouvoir recevoir de réponse définitive :

> Enfin, vraiment, je m'interrogeais [sur l'existence d'un surpâturage dans certains sites du parc]... je me disais mais qu'est-ce qu'il en est en réalité ? Bon, ce qui est bien, c'est qu'aujourd'hui, je n'ai toujours pas vraiment de réponse !

Des expérimentateurs de rapprochement

Les acteurs entrepreneurs de conciliation ont moins cherché à produire des normes et des règles systématiques qu'à constituer des espaces d'expérimentation sociotechnique, où se construisent des connaissances et des pratiques en même temps que des identités, des significations et un ordre social. Ces entrepreneurs de conciliation ont tenté de mettre en place les modalités, éventuellement très localisées, de rencontre ou de coexistence entre humains ainsi qu'entre humains et non-humains. Ils ont souvent privilégié des arrangements contextuels et pragmatiques sur les normes formelles et systématiques.

L'observation de réunions dans le cas des Bauges a par exemple permis de mesurer l'efficacité d'un principe d'action en familiarité (autour d'un apéritif offert par l'éleveur) revendiqué par le chargé de mission lui-même. Celui-ci explique chercher à faciliter le dialogue au cas par cas plutôt qu'à formaliser des accords généraux et officiels. Il a ainsi privilégié, plutôt que des réunions de concertation conventionnelles, un dialogue *in situ* sur l'exploitation ou sur les parcelles concernées avec les agriculteurs.

Visite de la Commission européenne Natura 2000

Photo : C. Granjou (Hautes Bauges, 2006)

De même, les organisateurs du colloque du Mercantour et les promoteurs du SGEA en Vanoise ont avant tout cherché à désamorcer les possibilités d'opposition frontale plutôt qu'à susciter un ralliement consensuel à une position qui clôturerait le débat. Le document d'objectifs Natura 2000 en Vanoise prévoit un principe d'examen des pratiques souhaitables au cas par cas lors de diagnostics pastoraux, sans s'avancer sur un corpus de règles systématiques qui risquerait de provoquer l'indignation de certains représentants agricoles ou de certains agents du parc ; le chargé de mission explique ainsi :

> On n'est pas allé beaucoup plus loin dans qu'est-ce qu'on entend par mesures appropriées [...] donc en fait la mesure qu'on a proposée c'est une mesure qui renvoie à des choses qui sont à définir après.

De même, le document d'objectifs Natura 2000 prévoit le principe de demandes ponctuelles par les agriculteurs concernant les possibilités d'irrigation des prairies de fauche ou l'usage des landes, demandes qui seront examinées au cas par cas.

Les rencontres du Mercantour, pensées au départ comme un colloque scientifique destiné à exposer les résultats et les conclusions susceptibles de fonder la réglementation des pratiques agricoles sur le territoire du parc, ont été rebaptisées « rencontres », visant à produire une « vision partagée ». Elles n'avaient ainsi pas pour vocation de formuler des normes d'action fondées sur un savoir irréfutable mais bien de constituer un lieu de rencontres et de désamorcer les tensions qui avaient prévalu notamment depuis le retour du loup dans les années 1990 entre parc et monde agricole. Dans le cas du colloque du Mercantour, la question de la place attribuée aux acteurs et savoirs scientifiques a été au cœur de la genèse de l'événement.

Le recours aux chercheurs

Pour désamorcer les possibilités d'opposition frontale et ouvrir des voies de conciliation entre pastoralisme et maintien de la biodiversité, les chargés de mission ont mobilisé des chercheurs afin de tenter de produire des connaissances partagées sur les liens entre pratiques agricoles et maintien de la biodiversité. En effet, la question des liens entre pratiques agricoles et conservation de la biodiversité n'a pas jusqu'à maintenant réuni de consensus scientifique. Elle se pose même à l'échelle internationale : la FAO (*Food and Agriculture Organization of the United Nations*) a ainsi publié en 2006 un rapport critiquant clairement les effets négatifs du pâturage extensif sur l'environnement (*Livestock's long shadow. Environmental issues and options*)[12] auquel une association internationale de défense du pastoralisme – la *League for pastoral peoples and endogenous livestock development* – a répondu. Cette réponse, intitulée *Looking at the bright side of Livestock : mobile pastoralism and the environment*, s'attache non seulement à contrer les critiques de la FAO mais aussi à présenter les pasteurs comme des « pilotes de la biodiversité ». En France, et plus particulièrement dans

[12] Disponible sur Internet : http://www.fao.org/docrep/010/a0701e/a0701e00.htm.

les Alpes, deux pôles se dégagent, séparés par toute une gamme de positions intermédiaires. D'un côté, certains considèrent le pastoralisme comme avant tout bénéfique à la préservation de la biodiversité en raison notamment de son rôle dans le maintien de milieux ouverts favorables aux espèces prairiales et à la diversité paysagère[13]. C'est cette opinion prévalant chez plusieurs gestionnaires du parc des Écrins qui a poussé à tester une nouvelle méthode de régulation de la population de marmottes sur le plateau de Charnières. C'est également une vision qui est largement défendue par les représentants agricoles eux-mêmes dans le cas de l'agriculture de montagne. De l'autre côté, le pastoralisme est au contraire tenu pour majoritairement néfaste, du fait des dégradations de la végétation (érosion des sols, surpâturage, sur-fertilisation entraînant l'envahissement de certains secteurs par des plantes banales) et des conséquences négatives sur la faune sauvage (risques de transmission de pathologies notamment)[14]. Il s'agit là d'une sorte de controverse diffuse, dans la mesure où elle est peu publicisée auprès du grand public et ne correspond pas à des lieux bien identifiés et pérennes d'échanges et de débats – à part éventuellement les conseils scientifiques de parcs.

Face à la difficulté de construire des indicateurs généraux d'évaluation des effets des pratiques pastorales sur la biodiversité pour clore ce débat, les entrepreneurs de conciliation ont initié des dynamiques de production et de partage de connaissances scientifiques sur cette question. En mobilisant des chercheurs dans des dispositifs de travail et de consultation plus ou moins pérennes, ils attendent des connaissances produites ou exposées moins une fonction de véridiction qu'une fonction d'ouverture à la discussion et de rassemblement contribuant à désamorcer les conflits. C'était ainsi l'un des objectifs des rencontres organisées par le parc du Mercantour ; les diagnostics pastoraux prévus par le SGEA et Natura 2000 en Vanoise utilisent les résultats de guides techniques produits par des chercheurs travaillant sur le massif depuis plusieurs années ; enfin, le parc des Bauges a mobilisé une équipe de zootechniciens pour effectuer des observations du comportement alimentaire des génisses pendant plusieurs étés sur un alpage de la réserve, ainsi que des écologues pour y étudier les effets du pâturage sur la dynamique de végétation.

[13] Sur cette position, voir notamment : Béranger et Bonnemaire, 2008 ; Agreil et Greff, 2008.

[14] Cf. Gauthier *et al.*, 1991.

Végétation « nitrophile »[15] caractéristique des zones très fréquentées par les troupeaux

Photo : C. Granjou (Hautes Bauges, 2006)

Les rencontres du Mercantour témoignent particulièrement bien de cette volonté d'ouvrir le dialogue grâce aux connaissances – et non de le fermer sous prétexte de vérité scientifique. Cette manifestation était ainsi pensée au départ comme un colloque scientifique visant à réunir, sur la base d'un appel à communications, les chercheurs travaillant sur la question des effets du pastoralisme sur les milieux, la faune et la flore (elle devait se dérouler dans une université de Nice). Mais la manifestation a été repensée chemin faisant comme des rencontres où les interventions plénières de chercheurs invités étaient suivies par des ateliers thématiques d'échanges animés par les gestionnaires et par des visites de sites. Les rencontres se sont finalement déroulées au cœur du territoire du parc, au lycée de la montagne de Valdeblore. L'accent a donc été mis sur la volonté « de participer à la construction d'une vision partagée des enjeux du territoire, en bénéficiant d'un éclairage scientifique, mais aussi de contribuer à la reconnaissance du parc comme un partenaire essentiel du monde pastoral » (compte rendu de la séance du 14/09/2007). Alors qu'un écologue renommé, membre du conseil scientifique du parc, avait adressé au comité de pilotage une revue bibliogra-

15 C'est une végétation qui se développe à la faveur d'une forte proportion de nitrates issue des déjections animales.

phique, en anglais, visant à recenser les recherches sur les relations entre pastoralisme et biodiversité récemment parues dans les grandes revues internationales en écologie, et à repérer les meilleurs intervenants potentiels, le comité de pilotage a jugé cette approche excessivement académique : l'importance de la littérature grise produite localement par les chercheurs ainsi que celle des dispositifs de suivi mis en place par les gestionnaires ont été affirmées et les limites de l'intérêt des expérimentations répertoriées dans la revue de littérature ont été soulignées, dans un objectif d'amélioration de la gestion pastorale[16]. Il a aussi été spécifié qu'il s'agirait d'un colloque francophone. Les connaissances mentionnées dans la revue de littérature ont été jugées trop fondamentales et inapplicables à la gestion locale. Au final, à l'exception d'un seul, aucun des scientifiques identifiés par l'auteur de la revue de littérature n'est intervenu lors du colloque. Les chercheurs présents, français, étaient des écologues de diverses spécialités, largement connus et reconnus dans leur domaine et qui possédaient la caractéristique commune d'avoir largement travaillé, sinon dans le Mercantour, du moins dans et avec des espaces protégés.

Un travail d'intéressement et d'enrôlement

Les entrepreneurs de conciliation ont mené un travail de conviction et d'enrôlement vis-à-vis tant de certains agents des parcs que des acteurs agricoles, enclins chacun à craindre toute forme de collaboration mutuelle. Par suite, un certain nombre d'acteurs ont renoncé à un positionnement radical et se sont insérés dans des compromis. Les entrepreneurs de conciliation ont ainsi ouvert des zones frontières où des acteurs agricoles et environnementaux ont circulé : certains s'y sont installés durablement, adoptant de nouvelles pratiques, d'autres n'y sont entrés que sur la pointe des pieds, d'autres encore en sont repartis ; d'autres encore ont refusé d'y mettre les pieds. Il s'agit donc d'abord d'espaces d'expérimentation culturelle et identitaire.

La Vanoise

Pour beaucoup de représentants agricoles dans le massif de la Vanoise, le SGEA a présenté l'opportunité d'une alliance avec le parc dans un contexte de diminution des soutiens publics à l'activité agricole liée à l'évolution de la PAC. Cette situation économique et politique particulièrement difficile explique que la chambre d'agriculture notamment se soit investie dans le SGEA. Ce déplacement ne s'est pas effectué sans difficulté. Certains représentants refusaient en effet initialement complè-

---

16 On retrouve ce désintérêt des gestionnaires pour les travaux n'ayant pas été menés sur leurs sites de gestion ou de travail dans l'étude menée par Henke (2000).

tement de modifier les pratiques existantes, au titre qu'elles seraient déjà bénéfiques pour l'environnement, comme l'explique un élu à la chambre d'agriculture :

> On n'est pas des, des gens, je vais le dire ça, qui touchons des subventions pour corriger. On est des gens qui demandons des subventions pour maintenir et conserver ce qu'on est !

Beaucoup d'agriculteurs ont fait valoir une forte hostilité à l'interdiction du pâturage sur certaines zones – refusant qu'« on pousse les brebis pour laisser venir bouffer les bouquetins » – alors que certains agents du parc auraient souhaité que le SGEA soit précisément l'occasion de faire valoir l'exclusion des troupeaux dans certains sites particulièrement menacés. Ces agents du parc ont alors abandonné une position environnementaliste plus radicale pour s'insérer dans la zone de compromis ouverte autour du SGEA. Le chargé de mission du parc raconte ce déplacement progressif de la part des environnementalistes, symétrique de celui consenti par les représentants agricoles les plus radicaux :

> Au départ ça a été considéré comme une opportunité permettant de, par rapport à des enjeux environnementaux propres, de pouvoir envisager d'exclure l'activité agricole de certaines parties du territoire, dans une logique d'exclusion. Et de fil en aiguille, les propres collaborateurs concernés par cela en sont arrivés à se dire que cette radicalité si je puis dire cette approche assez dure de la chose était finalement pas si évidente que ça. Et j'avoue franchement que c'était, c'est presque une de mes plus grandes satisfactions, c'est d'avoir amené les propres collègues à constater que l'exclusion pure et simple n'est pas possible.

Le conseil scientifique du parc est cependant resté marqué par des postures très hétérogènes concernant la possibilité de concilier activité agricole et maintien de la biodiversité, suivant un gradient qui va jusqu'à la conviction radicale de son impossibilité. Certains membres du conseil scientifique partageant cette dernière opinion (qui sont souvent aussi membres d'associations de protection de l'environnement comme la Frapna ou la Lpo) ont ponctuellement refusé d'assister à certaines séances du conseil, au motif qu'il y était trop question de pastoralisme et que, de plus en plus, la chambre d'agriculture dictait au parc ses positions. Un des acteurs les plus radicaux explique ainsi son désabusement vis-à-vis des politiques de rapprochement du monde agricole menées au sein du parc de la Vanoise (et d'autres espaces protégés), qu'il associe à une volonté d'apaisement sans efficacité et négligeant de plus les détériorations environnementales ostensibles que dévoilent les inventaires et les travaux naturalistes effectués grâce au conseil scientifique :

> J'ai l'impression d'un débat complètement biaisé. Ça commence à bien faire. Ou on fait une politique de protection de l'environnement et alors

l'agriculture peut y trouver sa place, mais depuis des années on nous bassine de discours sur la compatibilité entre agriculture et environnement et en fait, on a une profession – je lui jette pas la pierre – qui est coincée dans un système. [Il commente un autre secteur géographique] On nous balade, alors qu'on a des constats des sociétés naturalistes et même de l'Onf, qui sont sans appel : il y a une division par dix des effectifs de vanneaux[17] dans les étangs, une division par dix de la productivité des canards. [...] Au parc, ça fait des années qu'on nous bassine avec la chambre d'agriculture et il ne se passe rien.

Ce type de discours a été malaisé à recueillir pendant les enquêtes du fait de la difficulté de rencontrer les personnes concernées, souvent surchargées de responsabilités associatives et administratives (l'extrait précédent est issu d'un entretien réalisé par téléphone). Il est disqualifié par d'autres personnes enquêtées, notamment des agents du siège des parcs, au motif qu'il serait politiquement injustifiable et contre-productif, c'est-à-dire impossible à soutenir dans le contexte réglementaire et politique qui autorise voire favorise le pastoralisme et dépassé sur le plan scientifique. Un agent du parc de la Vanoise explique ainsi le débat, qui rappelle fortement la controverse entre agents du parc des Écrins et membres du Cnpn au sujet de la contraception des marmottes :

> [On a] en clair encore aujourd'hui, comment dire, l'expression d'un certain rigorisme si je peux dire à l'égard du monde agricole, avec des visions qui peuvent parfois être radicalistes, maximalistes du genre : le Parc devrait être comme les Parcs nationaux américains voire certains autres Parcs Nationaux dans d'autres régions du monde, un territoire expurgé de toute présence humaine, voilà. Ça on a encore à le gérer quotidiennement.

Cet agent rappelle en même temps que ce discours qualifié de radical n'est pas l'apanage de certains acteurs associatifs ni d'une génération vieillissante, mais qu'il est aussi partagé par certains agents de terrain, parmi lesquels se trouvent des militants :

> Je pense qu'il y a encore des agents de terrain qui ont encore une image je dirais très nature sauvage, des Parcs nationaux en général et du Parc de la Vanoise en particulier, ils sont peut-être moins nombreux qu'avant, mais je pense qu'y en a encore, je dis pas qu'ils voudraient chasser l'agriculture mais si elle disparaissait toute seule, ça les gênerait pas plus que ça, pour certains, bon. Ils sont peut-être pas majoritaires, c'est difficile à savoir parce que aussi parce que, comme ça correspond pas à la position affichée qui est affichée par la direction ça s'exprime peut-être moins facilement mais ça ressort...

Ce qui marque en particulier le cas de la Vanoise est le fait que plusieurs acteurs se sont rapidement rapatriés dans leur monde d'origine,

---

[17] Il s'agit d'un oiseau.

estimant que les déplacements consentis avaient été indus ou mal reconnus par l'autre camp. Par exemple, des acteurs de la chambre d'agriculture ayant participé au SGEA expriment *a posteriori* un avis très sceptique sur l'efficacité de ces démarches de co-construction entre parc et monde agricole, estimant que le parc n'a rien voulu abandonner de ses exigences environnementales et s'est imposé au détriment du respect des connaissances et des intérêts des agriculteurs :

> J'ai l'impression que plus on avance, que plus la profession agricole intègre la problématique environnementale, plus en face de nous le Parc durcit ses positions.

Ils dénoncent en particulier le fait que les agents du parc ont imposé la réalisation de diagnostics pastoraux très approfondis, coûteux et pas assez centrés vers l'accompagnement agricole, visant plutôt à accroître leur propre connaissance des enjeux de biodiversité du territoire.

Le SGEA est également marqué par un phénomène de retour de la part de l'entrepreneur de conciliation, le chargé de mission pastoralisme du parc, qui, après plusieurs années d'exercice, a préféré changer de fonction. Son travail avait en effet suscité des difficultés relationnelles avec les deux mondes concernés, qu'il explique de la manière suivante :

> On est à la confluence de comment dire de différentes sensibilités, différentes logiques, et ces situations d'interface ne sont pas très faciles à vivre. C'est-à-dire on se sent en permanence entre le marteau et l'enclume, ou en permanence comme étant le traître de service, c'est-à-dire pour les uns on est toujours le vendu de l'autre.

Au final, le SGEA est resté essentiellement le résultat d'une collaboration étroite entre le chargé de mission pastoralisme du parc et les salariés de la chambre. Si le document lui-même, dont la page de couverture porte le nom et le logo des deux structures et où les enjeux agricoles d'une part et environnementaux d'autre part ont été remplacés par des enjeux « agri-environnementaux », atteste de l'ouverture d'un espace d'échanges, de valeurs et de pratiques hybrides, cette dynamique est restée essentiellement institutionnelle et abstraite : le passage de la carte au terrain est renvoyé à un autre temps, à la suite de diagnostics pastoraux dont l'élaboration prendra du temps et qui apparaît dans certains cas compliquée. L'entreprise d'intéressement et de recrutement semble être ici restée limitée dans son nombre d'acteurs, et de peu d'efficacité notamment vis-à-vis des agriculteurs dans leur ensemble[18] :

---

[18] Il ne s'agit pas ici de formuler un jugement général sur la constitution des zones frontières en Vanoise, car ceux-ci sont loin de se limiter à l'élaboration du SGEA – déjà du fait qu'une partie significative du travail des agents de terrain, et des chefs de secteur en particulier, consiste à discuter et à travailler avec les éleveurs.

Q : Et les agriculteurs ne savent pas que la Chambre d'agriculture a fait un schéma de gestion avec le Parc ?

R : Euh, ils sont censés le savoir, là aussi j'espère qu'ils lisent le journal. (Il se lève pour chercher quelque chose dans un placard). [...] Voilà, on a tout de même un article qui paraît dans le Dauphiné. C'est explicite on a fait une conférence de presse, seulement y a qu'une journaliste qui est venue ce soir-là, mais bon, c'est un outil qui est explicitement mis sur la place publique, donc, on ne cherche pas à le cacher...

Le Mercantour

Dans le Mercantour, c'est un espace physique de rencontres qui s'est ouvert temporairement dans un endroit neutre (le lycée de Valdeblore). Le nombre de participants aux rencontres (300) a surpris les organisateurs eux-mêmes. Cependant ces rencontres, dont la préparation s'est étalée sur deux ans environ, ont constitué une arène de rencontre nécessairement limitée dans le temps. Il est difficile à l'heure actuelle d'évaluer la pérennité du rapprochement qu'il a esquissé entre les acteurs.

La participation d'un certain nombre de représentants du monde agricole a été vécue par le parc comme un succès – alors que l'on partait d'une situation où, selon les termes d'un gestionnaire du parc, pour certains éleveurs, « quelqu'un qui travaille avec le parc, c'est un collabo ». Les organisateurs avaient invité plusieurs représentants de l'agriculture à s'exprimer officiellement lors des rencontres et avaient multiplié les illustrations d'animaux domestiques sur la plaquette de la manifestation. Si les représentants présents étaient loin d'être marginaux dans leur espace professionnel, il ne faut toutefois pas en conclure que leur participation a été consensuelle : un agriculteur resté au fond de la salle a tenu, à la fin des journées, à manifester son désaccord avec l'événement.

La venue des gardes-moniteurs du parc était également loin d'être gagnée d'avance ; ils sont finalement venus aux rencontres, quitte à écourter parfois leurs vacances, et ceux que nous avons enquêtés en ont plutôt « pensé du bien ». Cependant, les gardes-moniteurs ne se sont quasiment pas exprimés. Au cours des séances plénières, ils se sont tenus au fond de la salle. Aucune animation d'atelier ne leur a été confiée et ils n'ont pas participé aux discussions, apparemment en partie de crainte que le témoignage qu'ils auraient eu à exprimer sur les effets très négatifs du pastoralisme sur la faune et la flore du parc ne soit pas jugé recevable. Par peur d'être critiqués, mal perçus ou, selon l'hypothèse de l'un d'eux, « de dire des choses qui fâchent » et de briser l'amorce de dialogue, les agents de terrain se sont réfugiés dans le silence. Comme en Vanoise, certains agents de terrain du parc nourrissent en effet une position radicale par rapport aux dégâts qu'ils estiment causés par l'agriculture, et aimeraient que la direction du parc prenne des positions sur le fait qu'il y a « trop de moutons ». Un gestionnaire du parc explique ainsi cette radicalité :

> On a quand même tout un groupe d'agents qui… de ce qu'ils observent sur le terrain depuis des fois vingt-cinq ans de certains alpages qui sont dégradés […] c'est-à-dire que, eux, concrètement, au quotidien, ils peuvent mettre un PV à quelqu'un qui cueille une fleur, et ils ne peuvent pas mettre un PV à… à un troupeau qui reste six mois à deux mille bêtes sur un alpage où il tiendrait la moitié… Et donc, je pense qu'il en est né un certain sentiment… enfin de frustration qui fait que des fois ils sont sur des positions : « nous on voudrait qu'il n'y ait plus aucun animal domestique dans le cœur du parc, et au moins on n'aurait pas d'ennui ».

Les rencontres passées, quelques doutes se sont exprimés sur le fait que l'occasion d'un débat ait bien été saisie entre monde agricole et monde de la protection de la nature. Le programme des journées, très dense, n'a effectivement pas favorisé les échanges : treize interventions se sont enchaînées le premier jour, de 9 heures à 19 heures. Présentant les ateliers le lendemain matin, le président du conseil scientifique a parlé de « ce fameux débat, qui n'a pas tellement eu lieu hier, faute de temps ». Au final, malgré la volonté initiale de laisser une grande place aux discussions, les présentations ont occupé l'essentiel du temps disponible, au détriment des échanges. Constatant qu'un seul intervenant, spécialiste des effets des produits vétérinaires sur les insectes coprophages, a finalement abordé les effets négatifs du pastoralisme, un enquêté s'est demandé si les problèmes « ont bien été posés ». Pour un autre interlocuteur, « les choses ont été dites, elles n'ont pas été dites avec force, parce qu'il n'était pas question de brusquer qui que ce soit. »

Les Bauges

Par rapport aux deux cas précédents, l'expérimentation entreprise dans le parc naturel régional des Bauges se distingue par un degré plus grand de matérialisation. La constitution d'une zone frontière se concrétise par un alpage où se côtoient non seulement des éleveurs, des agents du parc, des chercheurs mais aussi des animaux sauvages et domestiques, des plantes… Les acteurs doivent apprendre à faire avec des êtres dont ils n'avaient pas l'habitude. Par exemple, des éleveurs s'intéressent davantage aux buissons que mangent leurs génisses. Des instruments, règles et équipements spécialement adaptés à cet espace et aux acteurs qui y évoluent sont mis au point : contrat spécifique de location de l'alpage, ajustement des dates de montée en alpage en fonction de l'état des ressources végétales, parcs pour les génisses…

En effet, on a vu que dans les Bauges s'est développée une logique de soutien au maintien et au développement de l'activité agricole en tant qu'elle serait inconditionnellement bénéfique pour les milieux concernés. Le document d'objectifs Natura 2000 part du constat que « le pâturage extensif a permis de conserver des prairies à forte diversité » et que « la forêt potentiellement présente pourrait s'installer si l'exploitation pastorale devait s'arrêter ». Il définit comme objectifs prioritaires de « conserver la vocation pastorale, améliorer les conditions d'exploitation des unités pastorales afin de pérenniser l'activité pastorale, redonner une vocation pastorale aux alpages inexploités ». Le discours des gestionnaires du parc, donnant une légitimité écologique à l'activité agricole, a ainsi séduit les acteurs du monde agricole. Le parc a même endossé certaines prérogatives de conseil auprès des éleveurs ; ceux-ci font désormais appel à lui sur certains points liés aux travaux réalisés (points d'eau, débroussaillage, accès). Or le financement de travaux d'équipement agricole dans le cadre de Natura 2000 constitue une démarche peu courante. Elle a été critiquée par certaines grandes associations régionales de protection de l'environnement (Frapna, Cora). Des réticences à l'égard d'un soutien aux activités d'élevage sur des crédits environnementaux ont été notamment exprimées lors des comités de pilotage Natura 2000. Inversement, les acteurs agricoles ont apprécié cette orientation du parc :

> Le parc a dit clairement : faudra des pistes, faudra des points d'eau et faudra tout ça. C'est aussi pour ça que nous [monde agricole] on s'est bien retrouvés : ils ont affiché clairement les enjeux qu'il y avait même s'ils pouvaient paraître agricolo-agricoles. Ça leur a été un peu reproché d'ailleurs au moment de la présentation par la Frapna.

L'expression de ce type de positions est toutefois demeurée le fait d'acteurs jouant un rôle secondaire localement, membres par exemple de conseils scientifiques de parcs nationaux voisins, et ayant donc peu de prise sur l'articulation tracée par les principaux acteurs locaux entre les intérêts de développement agricole et une nouvelle priorité environnementale, celle de la préservation des milieux ouverts.

Par ailleurs, on a vu que le parc avait mobilisé une équipe de zootechniciens de l'Inra afin de suivre une expérimentation de réhabilitation (retour d'un troupeau de génisses) d'un alpage abandonné depuis 40 ans. Les chercheurs ont pu montrer que la part de broussailles dans la ration alimentaire d'une génisse pouvait aller jusqu'à 30 %, et les écologues que les bovins contribuaient à empêcher la régénération des arbres en consommant bourgeons et jeunes pousses. Ces résultats ont été relayés localement par les conseillers agricoles dans diverses plaquettes de vulgarisation et même dans la presse locale[19], ainsi que par le chargé de mission du parc. Je vais m'attarder ici sur le témoignage d'un conseiller concernant les changements liés à l'intégration, dans son discours professionnel, de l'idée que le troupeau peut se nourrir en partie de broussailles plutôt que d'herbe uniquement, introduisant un nouveau rapport entre l'animal et son milieu. Ce conseiller pointe la modification du contenu et des concepts fondant le conseil qu'il diffuse, abandonnant certaines notions classiques pour tenter d'expérimenter des pratiques susceptibles d'accroître la consommation de broussailles par l'animal (placement des points d'attraction pour jouer sur la circulation des animaux par exemple). Cette réorientation permet *in fine* à l'agriculteur d'envisager, au cas par cas, de diminuer certains traitements chimiques ou certaines interventions mécaniques :

> On glisse un peu vers quelque chose qui est plus euh… ouais, comment dire euh : comment le troupeau fonctionne dans cette surface, voilà […] Donc avec un petit peu une analyse cas par cas… avec plutôt que des itinéraires techniques, plutôt des grands principes de conduite et puis qu'on adapte, et puis on regarde ce qui se passe, on regarde la dynamique d'embroussaillement, on regarde le type de pâturage, on essaie d'imaginer les évolutions, on propose…[20]

Ce changement de regard a concerné un certain nombre d'agriculteurs par l'intermédiaire de leurs relations avec des conseillers « convertis » aux nouveaux concepts :

---

19 « Les vaches à l'école », *le Dauphiné libéré*, 18 juillet 2007.

20 Le conseiller estime cette nouvelle relation de conseil plus enrichissante du fait qu'elle se démarque précisément de l'application de recettes théoriques que n'importe qui pourrait trouver dans des livres ; elle permet selon lui d'entrer dans une relation vraiment durable avec des agriculteurs qui le recontactent parfois pour le tenir au courant des résultats de leurs pratiques expérimentales :

> Voilà, on est pas dans du… c'est pas la prescription, quoi, vous avez ça je vous fais ça… Donc euh… on teste, y a des trucs, ouais, on se mange les dents, euh… on réévalue au fur et à mesure euh…non, c'est intéressant, hein. Dans la relation de conseil, c'est plus une relation d'accompagnement du coup. Et on est moins dans la relation… c'est moins descendant, et… et puis y a le mythe aussi sur les itinéraires techniques, j'irais presque jusqu'à dire qu'y a certains agriculteurs qui étaient meilleurs que nous, parce qu'il suffit d'être bien informé, alors que là, on a amené une réelle plus value. Enfin… on a un vrai conseil, on a un vrai accompagnement, puisqu'on prend en considération des choses qui sont pas cataloguées, quoi, j'veux dire tu peux lire tous les catalogues du monde, tu trouveras pas ça, quoi. […] bon on est plus qu'un bouquin sur le débroussaillement que tu lis, quoi. Et on établit une réelle relation, et on rentre dans du durable […] Moi j'ai des paysans, l'autre fois il m'appelle, oh faut que tu viennes voir… voilà, j'ai fait ça, faut que tu viennes voir, faut que tu viennes me dire, regarde, j'ai avancé, j'ai changé mon parc comme ça comme ci, on a bougé le…

Et y en a beaucoup qui disent : arrêtez de nous raconter des conneries, quand vous nous dites que c'est… c'est nutritif, que c'est machin, ça vaudra jamais de l'herbe. Et nous on dit, mais si votre vache elle a été éduquée depuis le début à bouffer ça, ben c'est aussi valable que l'herbe. Bon c'est sûr que… y en a certains qui suivent pas du tout quoi. Ceci dit ceux qui testent, ils changent d'avis souvent aussi. Donc euh… faut arriver à ce qu'ils testent ou qu'ils le voient chez le voisin.

Si donc les conseillers agricoles et certains agriculteurs ont définitivement « migré » vers le nouvel espace frontière, des acteurs environnementalistes ont en revanche refusé d'y entrer. On a vu plus haut les critiques exprimées par certains membres de la Frapna dénonçant le financement de travaux d'équipement agricole sur des crédits Natura 2000. Les avis sur l'efficacité de la réhabilitation d'alpages du point de vue de la sauvegarde des tétras lyres sont partagés.

Usures et déceptions : des identités en tension

Globalement, les lieux de rencontre et de co-construction entre agriculture et protection de la nature sont donc loin d'avoir été marqués par un succès sans limites : il s'agit bien plutôt de zones frontières précaires, qui sont pour certaines restées plus de l'ordre du projet que de la concrétisation véritable, et qui ont été fréquentées par des acteurs de manière souvent temporaire. Comment expliquer cette difficulté spécifique des entreprises de conciliation ?

Il n'est pas facile de s'investir dans les zones frontières. Le vécu des entrepreneurs de conciliation se caractérise par un certain nombre de tensions. Ainsi, si certains d'entre eux expriment la satisfaction d'avoir vécu des changements importants (« on a bougé »), d'autres témoignent plutôt de déceptions ou d'une forme d'usure liée à la maigreur des changements constatés.

Une première difficulté est liée à l'ampleur des ambitions qu'ils poursuivent, et à la faiblesse des moyens (temps, financements) dont ils disposent, générant une frustration continuelle. Un chargé de mission pastoralisme d'un parc témoigne :

Il s'avérait que ça faisait quand même beaucoup de missions si on voulait vraiment s'investir sur la question pastorale qui est quand même une question vraiment importante au niveau du parc. Et donc là… enfin, après deux ans de fonctionnement qui était pour moi pas très satisfaisant parce qu'on ne pouvait rien faire vraiment correctement, et en ayant autant d'ambitions…

Les modifications successives des politiques agro-environnementales et la précarité des possibilités de financement des contrats avec les agriculteurs ont notamment très largement été soulignées par beaucoup de gestionnaires dans les trois cas comme génératrices de démotivation et de désertion de la part des agriculteurs, mais aussi de leur propre part.

Un autre ordre de difficultés est lié aux tensions éprouvées par les individus par rapport à leurs mondes d'origine. Plusieurs exemples de défections sont liés aux critiques auxquelles les habitants des zones frontières se trouvent en butte de la part d'une partie de leur monde d'origine. Un chargé de mission témoigne d'une expérience « angoissante » liée à la nécessité de s'assurer de la mobilisation durable des partenaires agricoles tout en subissant des oppositions du côté des environnementalistes les plus stricts du parc :

> Ça a duré jusqu'à l'été dernier, c'était vraiment l'angoisse permanente.

Un collègue dans un autre parc parle de procès d'intention de la part de certains agents de terrain accusant le siège de « pro-pastoralisme ». Il souligne l'importance de ne pas être seul à soutenir une position de conciliation, pour ne pas être absorbé par le reste du groupe :

> Mais des fois, c'est un peu difficile parce que même si... quand il y a un nouveau qui arrive des fois sur un secteur sans trop d'avis... quand les cinq autres lui martèlent telle doctrine, ils finissent par rentrer dans le moule parce que sinon, ce n'est pas tenable au niveau d'une équipe... enfin, je suppose... que d'être tout seul à avoir une position plus médiane...

L'accusation toujours possible de trahison a également pesé sur le vécu des habitants de l'espace frontière côté agriculture. Selon un gestionnaire du parc, pour certains agriculteurs, le parc constitue en effet toujours l'ennemi :

> [Le parc de la Vanoise] est un empêcheur de tourner en rond qui, c'est culturel même à ce stade-là, c'est viscéral, le Parc les a dépossédés de leur territoire, de leur activité, de leur identité d'une certaine manière, donc que certaines personnes osent se compromettre avec le Parc, est quasiment vécu comme une forme de trahison, et ils l'expriment à leurs responsables...

Si ce type d'accusation de trahison n'a pas forcément amené les nouveaux habitants de l'espace frontière à déserter ou à se replier sur leur propre monde, ces problèmes génèrent une tension liée à l'impression de ne pas tenir ses engagements d'un côté ou de l'autre. Un élu de la chambre d'agriculture membre du conseil d'administration du parc témoigne ainsi de l'impression d'être entre le marteau et l'enclume :

> Je pense qu'on est à deux extrêmes et moi je suis au milieu, et c'est vrai que par moment, ben c'est comme une enclume hein, et quand on est au milieu ben on est mal barré.

Un autre type de difficulté rencontrée par les entrepreneurs de conciliation tient à la déception des espoirs qu'ils avaient nourris à l'égard des zones frontières. Le changement de fonction de l'un d'eux peut ainsi être lu comme une forme de déception de l'extension des changements induits par le SGEA. Il semble y avoir des phénomènes spécifiques d'usure de certains des acteurs entrepreneurs. L'un d'eux donne l'exemple de l'accumulation d'études sur les liens entre pratiques pastorales et environnement sur les différents alpages du parc (diagnostics pastoraux) sans que ceux-ci soient suivis de modifications des pratiques :

> C'est là que le bât blesse, c'est que, en fait, on a engrangé des études, des études, et… et on a rarement eu les moyens de faire appliquer les résultats de ces études. Ce qui fait que… d'ailleurs, ça créé une certaine lassitude très légitime au niveau des équipes de terrain parce que… « ça fait la troisième étude qu'on fait, et il ne se passe toujours rien ! ». En quoi ils ont totalement raison !

Bilan

Le détour par l'expérience des entrepreneurs de conciliation témoigne du caractère situé et précaire des micropolitiques de la biodiversité. Les zones frontières où se rencontrent acteurs de la protection de la nature et acteurs du monde agricole sont diverses, contextuelles, souvent temporaires et fragiles. En effet, en dépit de certains succès obtenus par les entrepreneurs de conciliation dans l'enrôlement d'acteurs abandonnant des positions radicales et acceptant d'envisager de nouvelles formes de coexistence et de nouvelles pratiques de gestion des alpages, beaucoup d'acteurs restent marqués par la crainte de perdre leurs revendications et prérogatives propres et de « se faire avoir ». Ce que traduisent les réticences à aller vers les zones frontières, c'est aussi un attachement aux mondes d'origine, qui ont leur dynamique propre. Des individus se sont par exemple très fortement investis pour faire exister la protection de la nature : tisser des liens avec le monde agricole affaiblit à leurs yeux ce à quoi ils se sont consacrés pendant des années ou des dizaines d'années. Certains, tout en ayant circulé dans les zones frontières à un moment donné, semblent s'en tenir désormais à une posture sceptique et réfèrent à des expériences jugées décevantes. Enfin, les acteurs occupant des positions d'entrepreneur de conciliation sont caractérisés par un vécu souvent difficile de leur double casquette. Les zones frontières sont des lieux d'expérimentation et d'innovation demandant beaucoup d'énergie et d'astuce sans que la reconnaissance soit toujours au rendez-vous.

TROISIÈME PARTIE

COPRODUIRE LES SAVOIRS DE LA BIODIVERSITÉ ENTRE RECHERCHE ET GESTION

À plusieurs reprises déjà au fil de cet itinéraire parmi les professionnels de la nature sont apparues des figures de chercheurs contribuant, de manière ponctuelle ou plus pérenne, à la gestion de la nature. Le récit des expériences de gestion de la biodiversité est émaillé de rencontres avec des scientifiques, mobilisés par des gestionnaires d'espaces et travaillant en partie sur leurs territoires : équipes d'éthologues venant observer les marmottes sur le plateau de Prapic, équipes de généticiens analysant poils et crottes de loups, biostatisticiens calculant l'effectif le plus probable de la population lupine, écologues présentant lors des Rencontres du Mercantour leurs travaux réalisés sur le territoire du parc, botanistes cartographiant la végétation du parc de la Vanoise, écologues et zootechniciens expérimentant sur des alpages baujus[1] les effets de la présence des troupeaux sur la flore et la faune d'alpage...

Ce chapitre vise à rassembler ces expériences de dialogue et de collaboration entre scientifiques et gestionnaires et à y ajouter d'autres exemples encore, afin de proposer une réflexion plus générale sur la montée des partenariats entre gestionnaires d'espaces et chercheurs académiques. Pour conclure ce voyage au cœur des micropolitiques de la biodiversité, il propose de se focaliser sur les figures de circulation et d'échanges à la frontière entre recherche et gestion. Il s'agit ainsi de se focaliser sur le rôle des chercheurs dans la transformation des manières de protéger la nature et dans la montée du modèle de gestion savante de la biodiversité. Il s'agit aussi de souligner le rôle des gestionnaires dans la production des savoirs de la biodiversité. En effet, alors que les *science studies* ont souvent souligné le rôle des amateurs dans la production de connaissances naturalistes[2], les gestionnaires d'espaces naturels jouent également un rôle de plus en plus important, et bien plus rarement abordé, dans la production des savoirs à travers des collaborations et des échanges divers avec les chercheurs. Il importe donc de s'attacher aussi à explorer l'importante contribution des professionnels de la protection et de la gestion de la nature dans la constitution des connaissances sur la biodiversité. Car lorsqu'il s'agit de mettre au point des références de gestion et plus encore de cogestion, il n'y a pas de manuel scientifique ou de cours spécialisé qu'il suffirait de mobiliser pour mettre tout le monde d'accord et fonder des pratiques consensuelles sur le terrain. La scientifisation et la technicisation de la protection de la nature, loin de s'ancrer dans des outils et des savoirs disponibles et éprouvés, sont des dynamiques qui expérimentent dans un même mou-

---

1 Relatifs aux Bauges.

2 Voir notamment : Ellis and Waterton, 2004 ; Lawrence, 2006 ; Charvolin, Micoud and Nyhart, 2007 ; Lorimer, 2008 ; Lawrence and Turnhout, 2010 ; Heaton, Millerand, Crespel, Proulx, 2011.

vement ce qu'est un monde « technoécologisé », quels en sont les acteurs, et ce que sont ses techniques, ses savoirs et ses savoir-faire[3].

Revenons d'abord brièvement sur l'expérience baujue dont il a déjà été question, afin de préciser les modalités et les effets des partenariats qui s'y sont noués entre gestionnaires du parc et de la réserve d'une part, écologues et zootechniciens d'autre part. Le récit de la mise en place d'un dispositif plus formalisé de partenariat entre recherche et gestion, la Zone Atelier Alpes, permettra ensuite d'illustrer les conditions – et les limites – d'une collaboration pérenne entre équipes de recherche et gestionnaires. On embrassera enfin le point de vue des chercheurs eux-mêmes pour comprendre les raisons et les conditions de leur engagement dans des activités d'expertise et d'appui technique.

[3] Voir aussi : Granjou, 2011 ; Granjou et Mauz, 2011 ; Granjou, Mauz et Daccache, 2013 ; Mauz et Granjou, 2013.

CHAPITRE 6

Agriculture et biodiversité

L'histoire du massif préalpin des Bauges est intéressante car elle illustre l'investissement du parc naturel régional dans une entreprise de production de connaissances visant à éclairer la question des liens entre agriculture (élevage de montagne) et biodiversité, à travers une collaboration poussée avec des chercheurs et des équipes de recherche. Revenons plus en détail sur la dynamique de production de connaissances et d'expertise technique qui a accompagné cette réhabilitation de l'élevage au nom de la gestion de la biodiversité : quel a été le rôle du parc ? Quels chercheurs s'y sont investis ? Quels types de savoirs ont été produits ? Avec quels effets et quelles limites ?

Paysage typique des hautes Bauges : forêts et prairies pâturées (au premier plan : un bâtiment agricole)

Photo : C. Granjou (2006)

Dans les Bauges, les relations entre gestionnaires d'espaces et chercheurs ont débuté avec le partenariat noué au milieu des années 1980 entre la réserve et un laboratoire du Cnrs travaillant sur les dynamiques de populations d'ongulés sauvages. À la fin des années 1990, le réseau Herbivorie a été créé pour regrouper des chercheurs de diverses disciplines et institutions et les gestionnaires de la réserve autour d'un site-atelier, l'alpage de l'Armène, situé dans la réserve. Mais la politique menée par le parc visant à réhabiliter l'élevage au nom de ses bénéfices environnementaux va susciter de nouvelles collaborations, afin d'apporter des preuves scientifiques de l'idée que le pâturage permet effectivement de lutter contre la fermeture des paysages et de maintenir une flore et une faune intéressantes en termes de biodiversité[1].

6.1. Production de preuves zootechniques

Le parc a notamment remis en location à des éleveurs locaux certains alpages de la réserve abandonnés depuis plusieurs années, comme l'alpage de l'Armène. C'est ainsi une nouvelle alliance qui se dessine entre la politique environnementale du parc et les intérêts des éleveurs, dont beaucoup souhaitent précisément reconquérir les alpages situés dans la réserve dans le contexte d'un besoin accru de terrains de pâturage lié au succès de l'AOC tomme des Bauges. Mais comment être sûr que la présence des troupeaux peut effectivement être considérée non plus comme un problème environnemental mais comme une solution à promouvoir pour conserver la biodiversité ? En quoi la présence de troupeaux est-elle vraiment bénéfique pour les milieux et leur biodiversité ? Permet-elle en particulier de préserver le tétras lyre[2], oiseau emblématique des Alpes dont la diminution drastique sur les Bauges (et plus généralement dans les Alpes) est souvent attribuée à la disparition des alpages qui constituent leur habitat, du fait de l'abandon des activités agricoles ?

---

1 Les milieux ouverts désignent, pour les zootechniciens et les écologues, des espaces sans arbres du type prairies ; la fermeture des milieux désigne l'arrivée de buissons puis d'arbres.

2 Le tétras lyre est aussi appelé petit coq de bruyère. L'énergie consacrée à la préservation des galliformes en général et des tétras lyres en particulier illustre la persistance d'une hiérarchisation forte des espèces, en dépit du discours sur la prise en compte de l'ensemble de la nature ordinaire et sur le passage de la protection de la nature à la gestion de la biodiversité.

Tétras lyre

Photo : Sébastien de Danieli, Irstea (Alpes)

Et la question symétrique se pose aussi : en quoi les milieux en question (alpages abandonnés depuis plusieurs décennies, parcelles embroussaillées) sont-ils bons pour les troupeaux ? Pour les éleveurs en effet, nourrir correctement un troupeau exige des pâturages « propres », des terrains autant que possible plats et constitués seulement d'herbe dans la mesure où les broussailles ne sont pas considérées comme une nourriture adaptée aux bovins. L'articulation entre développement agricole et politique environnementale constitue un assemblage instable du fait de l'absence d'éléments avérés caractérisant les liens entre pastoralisme et biodiversité. C'est donc un travail de conviction, de production de preuves, qui va conditionner l'enrôlement sur le terrain des acteurs environnementaux, souhaitant maintenir les milieux ouverts et la biodiversité qui les caractérise, et les acteurs agricoles désireux certes de trouver de nouvelles ressources fourragères mais préoccupés de ne pas faire pâturer leurs animaux dans des milieux impropres à leur alimentation. La mobilisation par le parc d'une équipe de chercheurs de l'Inra (Institut national de recherche agronomique) sur un alpage loué à un éleveur local va à ce titre constituer un moyen de tenter de produire de nouvelles connaissances et savoir-faire susceptibles de convaincre tant les protecteurs de la nature que les exploitants agricoles du bien-fondé de la politique de soutien de l'élevage au nom de sa contribution à la gestion de la biodiversité. De nouvelles connaissances vont être produites sur la valeur alimentaire des broussailles pour les animaux, qui vont permettre d'assurer l'enrôlement d'une partie du monde agricole dans les démarches de réhabilitation d'anciens alpages de la réserve.

Vaches pâturant un secteur embroussaillé (massif des Bauges)

Photo : C. Granjou (2006)

Mais *a contrario* les preuves produites par les chercheurs quant à l'efficacité environnementale du pâturage pour préserver les milieux ouverts et leur biodiversité restent marquées par certaines limites, qui induisent une certaine précarité de la requalification de l'élevage en termes de technique de gestion de la biodiversité.

Si les éleveurs des Bauges sont, pour un certain nombre d'entre eux, à la recherche de nouvelles surfaces de pâturage, pour autant, l'idée que les animaux puissent s'alimenter dans de bonnes conditions de productivité dans des parcelles pentues, embroussaillées et parfois abandonnées depuis plusieurs années ne va pas de soi, explique un conseiller local :

> Pour eux [les éleveurs], c'est un grand retour en arrière. Je veux dire les agriculteurs ils jurent que par le broyeur. [et l'herbe pour les vaches ?] voilà, des terrains de golf. Donc c'est nouveau comme démarche intellectuelle, imaginer que les vaches vont aller manger les broussailles, qu'ils peuvent laisser des buissons au milieu de leur pré…

L'usage fourrager des broussailles va à l'encontre d'une culture du propre caractérisant le rapport des éleveurs à l'espace, culture largement renseignée par les sociologues ruraux (Miéville-Ott, 2001). De plus, le contenu du conseil agricole en lien avec les travaux de l'Inra depuis les années 1960 s'est focalisé sur l'estimation et l'optimisation de la valeur alimentaire de la végétation herbacée, ignorant tout de l'éventuelle valeur d'autres types de végétation comme les buissons (Meuret, 2005). L'idée de faire pâturer des vaches sur des terrains embroussaillés, souvent difficiles d'accès, est en rupture avec l'objectif d'optimisation et de rationalisation des rendements, note le gestionnaire Oncfs de la réserve :

> La vision qu'ont les éleveurs locaux de l'alpage c'est la piste où on peut au moins monter en 4X4, où on peut monter la salle de traite, avec des bâtiments, pour faire du lait, tout le reste pour eux c'est des alpages bas de gamme quoi. Donc nous on leur proposait [en réhabilitant l'alpage de l'Armène] un sentier d'1 m 70 de large, deux heures de marche, pas d'eau, et obligés de ne pas mettre les bovins avant le 15 août sur une bonne moitié de l'alpage ! Là, personne n'y croyait.

L'intéressement des éleveurs aux démarches de réhabilitation d'alpage va donc reposer à la fois sur la mise à disposition peu contraignante de terrains possédés par la réserve, fournissant de nouvelles ressources fourragères, et sur de nouveaux savoirs et savoir-faire relayés par le conseil technique agricole concernant la valeur pastorale de ces milieux embroussaillés.

Dans ce cadre, la réhabilitation d'un alpage de la réserve abandonné depuis 40 ans, l'alpage de l'Armène, a été l'occasion de tester grandeur nature le double intérêt, écologique et zootechnique, du pâturage sur un tel type de milieu. La présence des animaux sur l'alpage est en effet l'objet d'un suivi de la part d'une équipe d'agronomes de l'Inra, mobilisée et financée par le parc. En cherchant à évaluer les types de végétation ligneuse consommés par les vaches, cette équipe développe des travaux originaux et novateurs à la frontière entre zootechnie et écologie : ils ont ainsi montré que la consommation de broussailles représentait 30 % de l'ensemble des aliments pâturés par les génisses, et contribuait à relancer l'appétit des animaux en présentant un menu diversifié. Si relativement peu de publications scientifiques avaient encore été écrites à partir de ces travaux[3] au moment de l'enquête, des supports de conseil technique ont été produits à destination des conseillers agricoles, estimant la valeur alimentaire de divers feuillages et buissons et expliquant comment optimiser la maîtrise des buissons par le bétail (en jouant sur la forme des clôtures, sur les points d'attraction – sel, points d'eau –, sur les dates de pâturage, et en favorisant un apprentissage des animaux à se « débrouiller » dans ce type de milieu). Bien que nombre

[3] Voir toutefois : Meuret *et al.*, 2006.

d'éleveurs eux-mêmes restent relativement réticents à l'idée d'une consommation de broussailles par leurs animaux, on assiste à la constitution progressive de nouvelles références techniques, que l'on pourrait qualifier d'agro-écologiques (Warner, 2006) et qui tendent à se substituer localement aux références zootechniques classiques. Un technicien agricole local explique ainsi :

> Nous, on a une vision je dirais [...] du tout-pelouse et du tout-herbe [...] C'est vrai que là-dessus ils [les chercheurs de l'équipe de l'Inra Avignon] nous ont fait pas mal avancer en nous apportant des éléments nouveaux. Et puis pas avoir peur quand on apporte, nous techniciens, des conseils aux éleveurs, maintenant on est capable de lui dire : les broussailles ont une certaine valeur, on peut certainement pas nourrir son troupeau que de broussailles, en tous cas s'il y en a, c'est pas forcément un problème quoi.

L'opération de réhabilitation de l'alpage de l'Armène est ainsi le théâtre d'une production de connaissances sur la valeur pastorale des broussailles où coexistent divers registres d'administration de la preuve : une perspective de recherche suivant les canons classiques de validation scientifique, une perspective de renouvellement des références usitées par les techniciens agricoles locaux, et enfin un registre d'exhibition locale de « pièces à conviction », reposant sur l'observation directe et le témoignage (Cussins, 1997).

L'alpage de l'Armène permet effectivement de donner à voir localement les indices visibles de la consommation de broussailles par un troupeau de génisses : la satisfaction exprimée par l'éleveur investi sur l'alpage de l'Armène, qui a trouvé ses génisses en « très bonne forme » à la descente de l'estive, joue par exemple un rôle de précédent important dans les rumeurs locales. C'était d'ailleurs l'effet attendu par les gestionnaires du parc, qui avaient souhaité que l'alpage soit géré par un éleveur professionnel bien en vue dans le monde agricole local (en l'occurrence, un Gaec d'une certaine taille) espérant ainsi susciter des effets de conviction et d'imitation de la part des collègues et voisins. La photo d'une vache broutant un buisson élevé, prise lors des observations effectuées par les chercheurs de l'Inra, revient fréquemment dans les documents et illustrations diverses (en page de couverture du document d'objectifs Natura 2000, dans les fiches de conseil technique, mais aussi dans le bureau de responsables institutionnels rencontrés). Les visites sur le terrain que j'ai effectuées au cours de l'enquête montrent l'implication du chargé de mission Natura 2000 du parc sur ce registre de la preuve par l'expérience tangible, en montrant à plusieurs reprises, à moi comme aux éleveurs présents, des branches de buissons partiellement sectionnées, indices de la consommation des bovins (attribuée par certains éleveurs sceptiques aux chevreuils). Souhaitant faire de cet alpage un site pilote visant à construire un précédent et à produire des références et des preuves transposables ensuite sur d'autres alpages, le chargé de mission profite également des anecdotes racontées parfois par les agriculteurs eux-mêmes : il reviendra par exemple à plusieurs reprises sur l'histoire, que rapporte un éleveur, d'une vache disparue pendant plusieurs jours et retrouvée en excellente forme car elle s'était nourrie de buis.

Il ne s'agit donc pas, pour le monde de l'élevage, d'une conversion aux objectifs environnementaux mais plutôt de l'adhésion à l'idée que des milieux embroussaillés peuvent constituer de nouvelles ressources fourragères valables. À ce titre, le pâturage en milieu embroussaillé constitue un authentique objet-frontière au sens donné à ce terme par Star et Griesemer (1992) d'« objet à la fois suffisamment plastique pour s'adapter aux besoins locaux et aux contraintes de différentes pratiques, et en même temps suffisamment robuste pour maintenir une identité commune à travers ces pratiques »[4]. Dans cette articulation entre logique environnementale et logique agricole, on notera une fois encore le rôle tenu par l'entrepreneur de conciliation qui a été chargé de mission Natura 2000 du parc, naviguant entre un discours soulignant la capacité des bovins à consommer des broussailles pour leur plus grand bien, et un discours rappelant que la biodiversité de tels milieux embroussaillés tient en même temps à la présence des buissons non consommés par les animaux…

6.2. Les difficultés de l'évaluation environnementale du pâturage

Cependant la production de connaissances et de preuves s'avère moins achevée du point de vue de l'évaluation des bénéfices environnementaux du pâturage bovin. En témoigne le même chargé de mission du parc :

> L'équilibre que le parc a forcé un peu en direction des agriculteurs, on a été très pro-agricole quelque part, on a cherché à réinvestir les agriculteurs dans la gestion de l'espace, et on a cherché leur réappropriation de ça, ce qui a bien fonctionné et maintenant, c'est l'Office national des forêts qui a un peu peur qu'on aille trop loin là-dedans : ils disent « attention, il y a certains espaces, nous c'est une réserve de chasse, donc mettre des vaches dans un coin c'est bien, mais jusqu'où ça va ? »

Un certain nombre d'acteurs remettent en cause la qualification de l'élevage comme mode de gestion des milieux, en rappelant que celui-ci peut aussi avoir des effets indésirables – notamment le dérangement des animaux sauvages causé par la présence des troupeaux – mais aussi en

4 Je propose ici ma traduction.

mettant en question la réalité des effets du pâturage pour empêcher la dynamique de boisement. Les pratiques d'élevage, du rang de solution où elles avaient été promues, tendent à reprendre pour certains le statut de problème, de menaces potentielles pour la conservation de l'environnement.

Un responsable de l'Observatoire des Galliformes de Montagne, réseau d'institutions à vocation de protection et de connaissance dédié aux galliformes dont fait partie la réserve de chasse des Bauges, est notamment sceptique sur la capacité du pâturage à maintenir des milieux propices à la survie du tétras lyre. Il estime que le développement de la présence des aulnes – arbre dont le développement nuirait à l'habitat du tétras lyre – est loin d'être stoppé par le pâturage du troupeau. Par ailleurs, la présence des bovins sur l'alpage a impliqué la disparition des tétras qui nichaient sur les portions plates du site, sur lesquelles se rassemblent désormais les vaches. Ces constats illustrent selon lui la difficulté de recourir à un troupeau mené par un éleveur professionnel pour gérer les habitats naturels. Le tétras lyre exige en effet un milieu très complexe, si bien que répondre à ses exigences nécessiterait un « troupeau chirurgical » (pour reprendre son expression), respectant dates et zones d'interdiction de pâturage, et réduisant par ailleurs au maximum les risques de contamination ou de dérangement de la faune sauvage locale (notamment les chamois) :

> Le tétras lyre exige des conditions écologiques très… très subtiles, voilà, c'est le mot. C'est-à-dire que c'est ni l'alpage complètement rasé, ni la forêt d'aulnes c'est entre les deux, il lui faut de l'herbe, il lui faut des aulnes, mais… tout en tâches, dispersées autour de l'alpage. Il lui faut des zones qui soient bien en herbes, où la poule peut alimenter ses petits, où il y a des insectes parce que quand ils sont petits les jeunes ils mangent que des insectes, leurs trois premiers mois de vie. Donc voilà, c'est extrêmement compliqué donc avec les vaches, quand on les met là-dedans, on a beau mettre des parcs, on n'arrive pas à les téléguider pour qu'elles aillent manger là et pas ailleurs quoi.

Selon lui, ces exigences sont très difficilement compatibles avec les objectifs des éleveurs (gestion de la productivité et du temps de travail) : l'idéal, du point de vue du tétras, serait même l'état d'un pâturage abandonné depuis cinq ou six ans (par la suite, il devient trop embroussaillé), mais il s'agit bien sûr d'un optimum impossible à obtenir en recourant à des éleveurs professionnels.

Ces acteurs environnementaux estiment ainsi que dans certains cas, « le tétras a bon dos », et que l'affichage des bénéfices environnementaux du pâturage permet surtout de financer les travaux d'équipement souhaités par les éleveurs, notamment des pistes d'accès. Ils dénoncent l'ambiguïté entretenue par l'entreprise de réhabilitation de l'alpage de l'Armène, à mi-chemin entre dispositif d'expérimentation visant à tester l'effet du pâturage sur le milieu et démarche de gestion dans une logique de développement agricole. Le gestionnaire de la réserve explique ainsi :

> Mais ce qu'on veut surtout nous avec l'Armène c'est avoir un site à titre expérimental : [...] on met des vaches et on regarde ce qui se passe. [...] personne actuellement n'a jamais suivi une restauration d'alpage de ce type. Quel est l'impact des génisses sur l'aulne vert, on n'en sait rien, quel va être leur comportement au sein de l'alpage on n'en sait rien, comment il faut gérer l'alpage [...] Donc c'est à l'état d'étude quoi, c'est plus une expérimentation, une étude, que... la gestion d'une zone, zone de gestion grandeur nature quoi...

Cette position contraste avec celle soutenue dans le document d'objectifs Natura 2000, qui cite les réhabilitations d'alpage à effectuer en tant qu'« aménagement en vue de [leur] redonner une vocation pastorale », ou comme « opérations de reconquête pastorale ». Le principe utilisé sur l'Armène est ainsi d'ores et déjà transposé sur d'autres parcelles remises en usage par des éleveurs, afin de maintenir un milieu ouvert et d'enrayer la diminution des populations de tétras lyre. Or pour ce gestionnaire de la réserve, il s'agit précisément là d'« une tentative de mettre en application [ailleurs] ce qu'on n'a pas encore mesuré sur Armène ».

Bilan

Les agriculteurs de montagne revendiquent aujourd'hui souvent un rôle d'expert et de cogestionnaire de la biodiversité. L'expérience des Bauges confirme qu'une partie des protecteurs de la nature partagent ce point de vue : on voit dans ce cas, depuis notamment la création du parc naturel régional, le développement d'une politique de soutien et de restauration de l'élevage au nom de ses bénéfices sur la biodiversité, dans des territoires d'où il avait été exclu par la réserve de chasse et de faune sauvage. Cette requalification « verte » de l'activité pastorale s'est concrétisée par la mise en place d'instruments institutionnels et de soutiens financiers reposant moins sur le principe d'une adaptation des pratiques agricoles aux enjeux de biodiversité que sur l'idée que la présence des animaux est inconditionnellement bénéfique du point de vue du maintien de milieux ouverts et des espèces qui y sont inféodées comme le tétras lyre. Faut-il, en reprenant une interprétation présente chez une partie des acteurs concernés – les protecteurs critiques de la politique menée par le parc régional et des ambitions des agriculteurs de contribuer à la gestion de la biodiversité – comprendre cette trajectoire d'action collective en termes d'instrumentalisation stratégique d'une légitimité environnementale par les institutions agricoles locales ? Si le souci des intérêts de développement agricole est indéniablement présent dans les positionnements et les alliances qui ont permis de promouvoir l'élevage comme mode de gestion des milieux, il convient de souligner que s'y joue également un travail singulier de production de connaissances et de preuves, dans un contexte de déficit de savoirs stabilisés sur les effets environnementaux des activités pastorales. L'expérience baujue témoigne d'une dynamique intéressante d'apprentissage collectif de la valeur fourragère des broussailles, et d'une dynamique plus hésitante d'apprentissage collectif quant aux bénéfices de la présence des troupeaux pour la conservation de la flore et de la faune en moyenne montagne.

Plutôt que de dénoncer l'instrumentalisation d'une rhétorique environnementale par le lobby agricole, il apparaît ici plus heuristique de comprendre l'histoire récente des Bauges en termes de constitution d'une zone frontière de cogestion de la biodiversité où se rencontrent professionnels de la nature, acteurs agricoles et chercheurs. On observe en effet dans cette expérience la construction de nouveaux accords quant aux modes de protection de la biodiversité, accords qui mettent en question le clivage traditionnel entre protecteurs et exploitants agricoles et qui divisent les acteurs de la protection ; on y observe également la constitution d'un paysage et d'une nature fréquentés à la fois par des animaux domestiques et sauvages, par des protecteurs et par des éleveurs, et étudiés par des chercheurs qui tentent de construire de nouveaux savoirs à la frontière entre logique de valorisation académique et logique d'aide à la gestion.

Chapitre 7

À la frontière entre recherche et gestion : la Zone Atelier Alpes

Sur l'alpage de l'Armène ne coexistent pas seulement des écologues qui suivent et comptent la population de tétras lyres et des zootechniciens qui observent les comportements des vaches réintroduites depuis peu ; les aulnes sont aussi étudiés par d'autres écologues pour comprendre en quoi les vaches freinent leur développement ; la composition de la flore pâturée par les vaches est étudiée par d'autres écologues encore ; enfin, les centaines de chamois qui vivent sur cet alpage sont eux aussi étudiés, capturés et chassés par les membres de la réserve de chasse et de faune et sauvage en lien avec certains écologues du Cnrs. Cet alpage héberge ainsi à la fois nombre d'espèces faunistiques et floristiques, nombre de chercheurs de différentes disciplines et nombre de gestionnaires (notamment du fait qu'il est situé au cœur de la réserve de chasse et de faune sauvage, il est le site de nombreuses interventions des chasseurs). Or l'alpage de l'Armène n'est pas un cas isolé. Les exemples de sites, à l'intérieur de parcs nationaux ou régionaux, devenus des terrains d'études et de recherches privilégiés par certaines équipes ou certains laboratoires de recherches sont nombreux. On peut citer aussi le cas de l'alpage de Sanguinière dans le parc national du Mercantour. Ces deux sites servent de supports d'étude depuis plusieurs années (dizaines d'années dans le cas de Sanguinière) à des équipes de recherche relevant d'institutions et de disciplines variées, poursuivant des questions de recherche diverses. Ils ont suscité l'accumulation de ressources diverses – logistiques (présence d'infrastructures de logement, pistes d'accès), sociales (présence d'autres chercheurs ou stagiaires permettant l'instauration d'échanges et de services), et scientifiques (existence de données anciennes) – sur leur territoire. Cette accumulation facilite la réalisation de travaux ultérieurs dans la mesure où ces sites sont privilégiés lorsque les chercheurs définissent leurs programmes de travail et cherchent à sélectionner un terrain d'étude. Les chercheurs préfèrent notamment souvent utiliser et compléter les données existantes plutôt que commencer un travail *ex nihilo* sur un autre site.

Il convient ici de rappeler que le soutien à la recherche sur leurs territoires constitue l'une des missions des parcs nationaux dès leur création dans les années 1960. Les espaces protégés ont ainsi souvent commandité des travaux de recherche académique, finançant ou tout du moins facilitant la réalisation des études sur leurs territoires, devenus terrain d'expérimentation et d'observation. Aujourd'hui, les gestionnaires attendent aussi souvent des chercheurs une validation scientifique des protocoles d'inventaire et de suivi qu'ils conçoivent et mettent eux-mêmes en œuvre pour connaître leur propre territoire. De plus, à côté des enjeux proprement naturalistes de connaissance et de suivi qui passent généralement par la conduite d'inventaires naturalistes, les liens entre pratiques agricoles et conservation de la biodiversité constituent actuellement pour les parcs un nouveau champ d'acquisition de connaissances. C'est même un champ de connaissances devenu particulièrement nécessaire à leur action depuis le début des politiques agri-environnementales, et plus encore aujourd'hui avec l'obligation récente (loi du 14 avril 2006) faite aux parcs nationaux de réglementer les pratiques agricoles dans leur partie protégée.

On observe ainsi aujourd'hui un développement et un renouvellement des dynamiques de collaboration entre gestionnaires d'espaces et chercheurs en sciences de l'environnement. Un gestionnaire de parc national témoigne même d'une inflation des sollicitations dont ils sont l'objet de la part des chercheurs :

> On a déjà eu le coup avec des [projets] Anr, on a répondu à je ne sais pas combien d'Anr donc là on est sollicité nous, parce qu'il faut une accroche territoriale. Un espace protégé c'est un plus dans les Anr, apparemment. Donc on a eu beaucoup de sollicitations, on a dû répondre à, je ne sais plus, cinq six peut-être sept bon ben y en a qu'un qui a abouti quoi. Donc ça c'est épuisant parce que nous on n'en retire pas les premiers bénéfices en termes financiers [...], et ça il faudrait pas que ça nous épuise parce qu'on risque un jour de se démoraliser.

Ces sollicitations sont donc liées au développement de la recherche par projets aux injonctions au partenariat et à l'inscription dans des enjeux sociétaux que relaient les programmes de l'Agence nationale de la recherche.

L'exemple de la mise en place de la Zone Atelier Alpes (ZAA) va permettre d'entrer dans le détail du développement et de la formalisation de ces collaborations entre chercheurs et gestionnaires ; la ZAA suggère en particulier la place que prend la question de l'échange de données écologiques à l'interface entre recherche et gestion.

7.1. Une certaine modernisation des sciences de la nature

Mais d'abord qu'est-ce qu'une zone atelier ? La dénomination de « zone atelier » constitue un label officiel attribué par le Cnrs, créé au début des années 2000. Le premier appel à candidatures a été lancé en 2000/2002 dans le cadre du Programme Environnement, Vie et Sociétés du Cnrs. Dès ce moment, les zones ateliers étaient conçues comme l'instrument d'un rééquilibrage des moyens alloués aux sciences de l'environnement par rapport à d'autres disciplines (physique, génétique). La création du label zone atelier s'inscrit en effet dans un mouvement de modernisation et de technicisation des sciences de la vie s'inspirant très explicitement des transformations ayant marqué la physique et la biologie moléculaire. Le modèle suivi est celui d'une *big science* très instrumentée, qui doit permettre l'affirmation de la place des sciences de l'environnement en particulier au sein du Cnrs (Lévêque *et al.*, 2000 ; Delay *et al.*, 2007 ; Mégie, 2003) : actuellement, les zones ateliers font partie des Grands équipements promus par l'Institut écologie et environnement (INEE)[1].

Plus spécifiquement, les zones ateliers doivent constituer des réseaux de recherches pluridisciplinaires, articulant notamment sciences de la nature et sciences de la société, focalisés sur des « anthroposystèmes » (systèmes d'interactions entre milieux et sociétés qui les habitent) (Lévêque *et al.*, 2000). Les recherches doivent concerner une unité territoriale d'échelle régionale prenant en compte le long terme, et articuler objectifs scientifiques et réponse à des demandes de la société. Ces zones ateliers répondent ainsi à une logique spécifique de mise en réseau d'équipes autour de sites objets d'études, incluant des collaborations avec les gestionnaires des sites. Avant la Zone Atelier Alpes, onze zones avaient été labellisées en 2000/2002, et elles sont sept à fonctionner en 2008[2].

Le développement du label « zone atelier » en France correspond à celui du réseau de sites européens dit réseau « LTSER » : *long term socio-ecological research*. Quelques éléments historiques sur le réseau LTSER permettent de mieux mettre en perspective le projet des zones ateliers.

L'idée d'un réseau de sites LTER est née dans les années 1980 aux États-Unis, afin d'étudier les tendances de long terme des systèmes écologiques à différentes échelles spatiales. Le premier objectif était de permettre la construction de séries de mesures et de données sur le long terme (plusieurs décennies) afin de comprendre les réponses écologiques aux changements longs. La question de la mutualisation des données constitue donc un prérequis dès ce moment – et l'on verra qu'il s'agit

[1] Les écotrons et les observatoires hommes-milieux sont deux autres types de « grands équipements » des sciences de l'environnement.

[2] La Zone atelier Seine, la Zone atelier Bassin du Rhône, la Zone atelier Loire, la Zone atelier Moselle, la Zone atelier Bretagne (Pleine-Fougères), l'Observatoire régional méditerranéen de l'environnement, la Zone atelier Terres australes et antarctiques.

toujours du « nerf de la guerre » dans le cas de la ZAA. Ce type de dispositif de recherche était aussi destiné dès le départ à répondre aux besoins des gestionnaires de la nature ou tout du moins à être utile du point de vue des enjeux de gestion ; plusieurs des sites étaient situés dans des espaces protégés aux États-Unis.

La montée des préoccupations pour les changements globaux à partir de la fin des années 1980 a donné une nouvelle actualité au réseau LTER. Sa mission s'est orientée vers la détection des symptômes du changement global et de leurs impacts sur les écosystèmes. Il s'agissait notamment d'étudier les conséquences du changement climatique et l'érosion de la biodiversité. Il s'agissait en même temps de produire des connaissances qui puissent aider à gérer les conséquences du changement global et à progresser vers une gestion plus durable. L'idée s'est alors imposée que les sites LTER devaient intégrer les sciences humaines et sociales, afin de comprendre la dimension humaine des changements, souvent liés aux activités de l'homme. Le réseau fut rebaptisée LTSER, pour Long Term Socio-ecological Research (Haberl *et al.*, 2006)[3]. Le réseau LTSER, en plus d'être orienté vers le long terme et vers des enjeux de gestion, d'être comparatif et collaboratif dans sa production de données, est aussi censé viser la durabilité, l'interdisciplinarité et la transdisciplinarité – celle-ci étant définie ici comme l'inclusion des usagers dans le processus de recherche. Il s'agit donc d'un instrument qui dénote une certaine vision de ce que doit être la modernisation de la recherche écologique.

La Zone Atelier Alpes hérite de cette conception de ce que doit être une « bonne » recherche en sciences de l'environnement. Elle est consacrée à l'étude des évolutions des écosystèmes alpins sous l'effet des changements d'usage des terres et du changement climatique. Elle s'ancre dans deux massifs alpins : le Vercors et l'Oisans. Sont membres de la ZAA pour l'essentiel deux équipes d'écologues, une équipe de climatologues, un parc naturel régional, un parc national et un conservatoire botanique national. La ZAA compte 7 chercheurs en sciences sociales sur 58 chercheurs au total[4].

---

3 Les concepteurs du réseau LTSER considèrent les écosystèmes et les sociosytèmes comme deux catégories de systèmes distincts mais couplés, en co-évolution : ils adoptent le cadre général de pensée de la cybernétique, qui a beaucoup contribué à la promotion de l'écologie aux États-Unis dans les années 1980 – avec notamment la place que lui donne le grand programme de recherche IBP, « *International Biological Program* » (Kwa, 1987).

4 Même si certains écologues impliqués dans la ZAA témoignent d'une volonté d'échange approfondi avec les sciences sociales, beaucoup de chercheurs, en écologie comme en sciences sociales, s'orientent pragmatiquement vers des choix et des stratégies congruents avec l'évaluation disciplinaire et avec leurs habitudes de travail,

7.2. La Zone Atelier en pratiques

La mise en place de la ZAA en 2008 et 2009 suggère comment les nouveaux liens qui se tissent entre les équipes de recherches et les professionnels de la nature sont liés à l'importance prise par les données dans le travail scientifique. Des travaux récents en *science studies* soulignent que les bases de données tendent aujourd'hui à être plus que des pièces à conviction mobilisées pour rédiger les articles : elles constituent de plus en plus une partie importante de ses résultats et de ses produits finaux (Bowker, 2000 ; Waterton, 2002). Elles ne reflètent pas seulement le contenu des connaissances mais informent ce qui compte comme connaissance (Hine, 2006). La mise en place d'une zone atelier dans les Alpes s'inscrit dans cette dynamique de production et de mise à disposition de données sur la nature, en organisant leur fabrique et leur circulation au sein de nouveaux collectifs hybrides associant chercheurs et gestionnaires d'espaces protégés.

Produire les données écologiques

La ZAA vise ainsi à fournir ou à faciliter les conditions de divers arrangements et négociations entre acteurs autour des données. Or les membres de la ZAA sont pris entre cet objectif de mutualisation et des logiques de reconnaissance, de rétribution et de concurrence professionnelles. Ainsi, si la ZAA permet d'« équiper » (Vinck, 2006, 2009 et 2011)[5] le travail de production de données, c'est-à-dire d'inscrire les activités des acteurs dans un espace d'échanges qu'elle contribue à structurer, ces échanges sont cependant loin d'être exempts de tensions ou de réticences liées à des formes de compétition académiques et à des divergences d'objectifs entre chercheurs et gestionnaires.

Mais tout d'abord, à quoi ressemblent concrètement les données produites dans la ZAA ? Elles sont très diverses, par leur nature et par les équipements et les protocoles que leur recueil et leur traitement mettent en œuvre. On peut distinguer des données écologiques à proprement parler, des données agronomiques et des données climatiques, même si, en réalité, chacune de ces grandes catégories regroupe elle-même plusieurs types de données. Les données écologiques renvoient à la fois à des données sur les espèces végétales, rassemblées au sein d'une base de

---

laissant la pluridisciplinarité au rang des idéaux consensuels dans le meilleur des cas…

5 L'équipement concerne « tout élément ajouté à des êtres permettant de relier ceux-ci à des appuis conventionnels et à des espaces de circulation » (Vinck, 2009, p. 66) ; le « travail d'équipement désigne l'activité collective qui consiste à s'accorder sur les éléments qu'il convient d'ajouter aux objets [intermédiaires] afin qu'ils s'inscrivent dans un espace d'échanges entre acteurs plus ou moins hétérogènes » (*ibidem*).

données floristiques élaborée par le conservatoire botanique, des données sur les communautés[6] végétales et des données sur les traits[7] des espèces (regroupées dans une base de données en cours de constitution). Dans le cas des espèces végétales, une donnée consiste en un ensemble cohérent d'informations – nom de plante, nom de l'auteur de l'observation, date de l'observation, altitude et exposition, coordonnées géographiques. Dans le cas des communautés végétales, les données comportent aussi des renseignements sur l'abondance et le recouvrement des espèces à l'intérieur d'un « quadrat » (carré de 10 mètres par 10 mètres ou 15 mètres par 15 mètres, où l'on recense toutes les espèces présentes en évaluant leur proportion). Dans le domaine climatique, les données issues des stations météorologiques qui ont été installées dans la réserve naturelle (cf. *infra*) mesurent des paramètres (température de l'air, enneigement, bilan radiatif, température du sol, vent, pression…) qui sont ensuite transmis automatiquement, par GSM[8], aux gestionnaires de la réserve et au laboratoire de climatologie.

Nombre de ces données sont produites par divers organismes, tels l'Office national des forêts (Onf), Météo-France, ou les conservatoires botaniques, souvent depuis plusieurs années voire plusieurs décennies. En dépit du fait qu'il s'agit d'organismes publics, l'accès aux données qu'ils produisent est loin d'être aisé et les écologues déplorent les sérieuses difficultés auxquelles ils se heurtent pour obtenir ces données, comme explique l'un d'eux :

> Depuis le début de tout ce que j'ai fait, un des gros problèmes ça a toujours été l'accès aux données.

En effet, alors même que les organismes producteurs de données sont publics et sont censés ne faire payer que le coût d'extraction des données demandées, les sommes demandées amènent parfois les chercheurs à renoncer à des données qui leur paraissent intéressantes. Le coût de l'acquisition de certaines données est qualifié de « *faramineux* » par l'un d'eux. Certaines données sont également produites par les chercheurs eux-mêmes, grâce à un travail d'observation et de recueil sur le terrain. Les diverses contraintes d'accès au terrain, notamment en milieu de montagne, expliquent que, pour les chercheurs, les territoires des parcs ou plus largement des espaces protégés soient des sites particulièrement commodes – où de plus des séries de données anciennes recueillies par

---

6 Une communauté en écologie de la végétation renvoie à l'assemblage en un même lieu de différentes espèces.

7 Les traits sont des caractéristiques distinctives d'une espèce, soit morphologiques (surface moyenne des feuilles par exemple), soit fonctionnelles (quantité de matière sèche contenue, etc.).

8 *Global system for mobile communication.*

les gestionnaires ou par d'autres chercheurs auparavant sont souvent disponibles. Pour l'un des écologues rencontrés, la collaboration avec un conservatoire botanique ouvre l'accès à un stock de données exploitables tout à fait considérable :

> [Leur base de données] c'est monstrueux en fait. Ça fait partie des… en gros ça fait cent ans que tous les botanistes [de la région] récoltent soit des points d'occurrence, donc quand ils se baladent n'importe où ils voient une espèce, oh bah tiens quelle espèce pouf et ils la notent, donc ça ils ont 3 000 000 d'occurrences, c'est quand même gigantesque […] Donc c'est des données qui sont énormes. En plus pour ce que je fais moi, c'est vraiment les données parfaites quoi.

Dans tous les cas – que les données soient produites par les gestionnaires ou par les chercheurs sur les territoires des gestionnaires – les chercheurs ont besoin de nouer des collaborations et des échanges avec les gestionnaires. La ZAA va alors permettre de structurer et de valoriser un tissu préexistant de relations d'échanges et de partenariats parfois peu formalisés.

Mutualiser les données écologiques

Pour les chercheurs, la zone atelier va permettre d'avoir accès à des séries de données construites sur le long terme, permettant de répondre à des questions autour des changements globaux et en particulier du changement climatique. Les chercheurs vont pouvoir collationner, compléter et poursuivre les bases de données préexistantes produites par les gestionnaires :

> C'est un présupposé qu'on avait mis d'entrée de jeu pour le choix de la zone atelier ; on avait dit : on va aller là où on a des données.

Sur le jardin botanique, certaines cartographies datent de 1934. Des études y ont été menées pendant de nombreuses décennies en écologie de la végétation et il a reçu récemment le label d'écotron du Cnrs. Un autre site de l'Oisans également inclus dans la zone atelier est instrumenté par une série de zones de défens installées depuis les années 1980. Sur le Vercors, des photographies aériennes existent depuis les années 1950 ou 1960 et des données d'enquêtes sur les activités pastorales depuis plus longtemps encore (une carte des lieux de vie date de 1800) ; des défens y sont mis en place depuis les années 1980.

Symétriquement, les données acquises et stockées par les gestionnaires sont présentées par certains d'entre eux comme une véritable monnaie d'échange : l'un parle des données de son établissement comme d'un « capital ». Un autre déclare :

> Globalement ce que j'ai à vendre, moi, c'est des données à long terme…

Mais qu'en retirent alors les gestionnaires ? Pour eux, la ZAA doit permettre de fournir un gage de résultat (restitution des résultats par les scientifiques) et de cohérence des travaux proposés par les chercheurs, dans un contexte d'inflation des partenariats et des conventions de toutes sortes. Elle doit contribuer à éviter un effet de saturation, en groupant les demandes des chercheurs et en fournissant un critère complémentaire de qualité pour les gestionnaires. Un gestionnaire de la réserve qui a pour fonction d'autoriser la conduite des différents travaux sur son territoire au vu de leur conformité avec le respect de l'environnement suggère l'importance du critère d'appartenance à la zone atelier :

> C'est évident que si la personne arrive en disant : je rentre dans le système de la zone atelier, on va plus facilement accepter que dire : non, allez voir ailleurs.

Dans leur communication auprès du grand public ou auprès des autres espaces protégés, le label zone atelier (souvent rebaptisé « label Cnrs ») est aussi l'occasion pour les gestionnaires d'espaces de valoriser leur territoire comme « territoire de recherches » ou « territoire d'accueil des recherches ». Un gestionnaire de la réserve impliquée dans la Zone Atelier Alpes témoigne du développement d'une politique scientifique de la part de son organisme :

> On a décidé il y a quatre ans, cinq ans, de dire : politiquement, on veut s'orienter vers l'activité scientifique sur cette réserve [...] on va, pour faire venir des équipes de recherche, on va l'équiper. [...] On s'est dit : parce qu'avant que les labos viennent travailler sur notre réserve, il faut qu'on ait quelques données, un peu de recul par rapport aux données et, à notre avis, ils vont venir.

Par ailleurs, la ZAA permet de consolider les acquis liés aux collaborations et aux échanges plus anciens noués par les gestionnaires avec les chercheurs. Par exemple, ces échanges ont souvent permis aux gestionnaires de bénéficier de compétences de maintenance des instruments de mesure – par exemple dans le cas des stations climatiques de la réserve naturelle incluse dans la ZAA – ainsi que des compétences de validation scientifique des protocoles qu'ils conçoivent et mettent en œuvre pour connaître leurs territoires. Le gestionnaire d'un parc national souligne ainsi l'intérêt d'aborder les protocoles de récolte de données sur la végétation avec les chercheurs afin de s'assurer de leur valeur scientifique et éventuellement de les renouveler en fonction de l'avancée des connaissances académiques :

> Au parc, on pourrait très vite discuter que entre nous donc les parties naturalistes, tout ça, on sait bien faire et puis notre petit ronron et puis tout d'un coup s'apercevoir qu'il existe des méthodologies complètement différentes et puis on se fait, on devient décrédibilisé. Y aurait rien de pire que d'être

décrédibilisé en termes naturalistes et en termes de récolte de données donc moi j'ai vraiment besoin que tout le temps, les chercheurs viennent me titiller, ou que je les titille, peu importe, pour ces choses-là.

Ce gestionnaire insiste ailleurs dans l'entretien sur l'habitude prise au sein du service scientifique[9] du parc d'organiser une fois par an une sortie sur le terrain avec les chercheurs avec qui ils sont en relation – qu'il dénomme les « sorties pâté vin rouge ». Il s'agit, dans une ambiance informelle, de tirer parti de ces moments de convivialité pour nouer ou maintenir des liens qu'il juge primordiaux dans la vie du parc.

Enfin, les gestionnaires ont également bénéficié des données produites par les chercheurs eux-mêmes, qu'elles soient de même nature ou de nature différente de leurs propres données. Pourtant, une difficulté demeure dans la pérennisation de ce type de collaboration qui réunit deux mondes professionnels à la fois bien distincts et possédant en commun une activité de production de connaissances. En effet, les gestionnaires d'espaces naturels poursuivent eux aussi des activités de connaissance et de gestion de leurs territoires en partie proches des pratiques de recherche : le conservatoire botanique, qui a un statut d'Epst (Établissement public scientifique et technique), constitue une structure intermédiaire, proche par certaines de ses activités des laboratoires d'écologie. La similarité des activités et la différence de reconnaissance du travail effectué entre chercheurs et gestionnaires a ainsi parfois pu occasionner des formes de méfiance et de réticence de la part des gestionnaires vis-à-vis des chercheurs – les premiers craignant d'être dépossédés de leurs produits sans reconnaissance suffisante, à leurs yeux, du travail accompli. Certains partenariats ont ainsi été suspendus à la condition pour les gestionnaires de pouvoir négocier la reconnaissance d'un statut qui ne les cantonne pas à un rôle de producteur et de fournisseur de données. Dans une convention liée à un projet Anr, le conservatoire a obtenu que sa contribution apparaisse dans toutes les publications scientifiques, tandis que le laboratoire mettait à disposition du conservatoire des étudiants qui initiaient les botanistes aux techniques de traitement des données, leur permettant d'apprendre certaines méthodes de traitement.

---

[9] Le service scientifique – à ne pas confondre avec le conseil scientifique – d'un parc national est un des services du siège du parc, composé de salariés du parc qui supervisent les protocoles de suivi, d'inventaire et plus largement les recherches menées sur le territoire du parc.

Difficultés et limites des collaborations entre chercheurs et gestionnaires

Pour autant, chercheurs et gestionnaires ne sont pas tous d'accord sur les objectifs de la ZAA en termes de production de connaissances. Les gestionnaires conçoivent le territoire de la zone atelier comme l'objet même des recherches ; ils attendent que les travaux apportent des résultats concernant ces sites en particulier, si possible applicables directement dans leur gestion : il ne s'agit « pas seulement d'un site d'application de la recherche mais avant tout d'une recherche sur ces sites » précise l'un des gestionnaires enquêtés. Au contraire pour certains chercheurs, les sites étudiés sont de simples supports de recherches : la production de connaissances porte sur des mécanismes plus généraux. Les territoires de la zone atelier sont des sites laboratoires, donnant l'occasion d'observer plus facilement des phénomènes existant à une échelle plus vaste en les reproduisant à une échelle et dans des conditions plus facilement maîtrisables : ce sont des modèles écologiques, de même que les souris des généticiens ne valent pas comme objet d'étude en tant que telles mais seulement pour les mécanismes biologiques qu'elles dévoilent et qui sont communs à bien d'autres espèces. C'est ainsi qu'un chercheur explique avec enthousiasme la valeur du territoire alpin comme modèle pour comprendre les mécanismes géophysiques et biologiques généraux liés au différentiel d'altitude ; dans ce cadre, les Alpes valent comme modèle pour comprendre d'autres territoires plus vastes, comme l'Europe par exemple :

> Donc là on travaille sur les Alpes, parce que ça reste un endroit qui est super à étudier, parce qu'on a sur les Alpes françaises entières on commence à 0 mètres et on finit à 4000 mètres, donc on a pratiquement 25 degrés de différence gradients de température, les précipitations c'est pareil. Donc en fait c'est un peu comme de travailler à l'échelle européenne, parce qu'on a exactement la même gamme, mais à une échelle très, très réduite. Sur des très courtes distances on peut échantillonner, on peut vraiment voir ce qui se passe beaucoup plus facilement.

Mais c'est aussi du point de vue des échanges de données entre chercheurs que la zone atelier trouve certaines limites. Ainsi, alors que ce dispositif doit permettre d'ouvrir un espace d'échanges facilités, le travail des chercheurs reste marqué par des logiques de rétention d'information et de concurrence propres au fonctionnement du monde académique, liées notamment à la pression à la publication de plus en plus prégnante. On retrouve ici les analyses de Hine (2006) dans le domaine de la génomique qui a pointé la permanence de stratégies institutionnelles et individuelles de valorisation scientifique conduisant notamment les doctorants et les jeunes chercheurs à conserver un monopole sur leurs données. Un chercheur membre de la ZAA explique ainsi la réticence des chercheurs à rendre les données qu'ils ont patiemment, et parfois difficilement, constituées, à d'autres chercheurs qui pourraient s'en emparer :

> Les gens qui ont passé trois ans à récolter ont pas envie de les donner trois ans plus tard s'ils ont rien publié dessus ou rien analysé ou rien, parce qu'il y a toujours des équipes, je dis pas qui sont plus fortes, mais en tous cas qui sont plus rapides, pour utiliser, ou qui auront peut-être des petites thématiques qui se vendront beaucoup mieux…

La zone atelier a ainsi donné lieu à la constitution d'une méta-base de données qui ne vise pas à mettre à disposition de tout un chacun les données des autres, mais à créer les conditions pour passer des accords au cas par cas entre détenteur et demandeur de données. Elle dresse la liste des données qui existent en les rapportant à l'organisme et à la personne qui les possède, et en indiquant les conditions d'accès. Le principe de la méta-base internalise ainsi la possibilité de réticences au partage des données en offrant uniquement la possibilité de contacter leurs détenteurs pour leur demander l'autorisation d'y accéder. Elle ne présage pas de l'acceptation des chercheurs, qui restent libres de communiquer ou pas leurs données aux collègues de leur choix.

La mise en place de la zone atelier renvoie donc moins à la généralisation systématique d'un principe de mutualisation et de coopération qu'à une diversité d'arrangements entre les organismes et les individus engagés en lien avec les logiques prévalant dans leur communauté professionnelle : on peut à ce titre la qualifier d'espace frontière entre le monde de la recherche et celui de la gestion de la nature (elle se rapproche même, compte tenu de son degré de formalisation, d'une « institution frontière » au sens de Guston, 2001)[10]. Comme toute zone frontière, la ZAA est aussi localement créatrice d'apprentissages réciproques – les gestionnaires se familiarisant avec les modes de fonctionnement et les impératifs académiques, et les chercheurs avec les exigences de la gestion – liés à l'expérimentation de nouvelles pratiques communes (autour par exemple d'un projet de publication ou de la création d'une base de données). Pour autant, la coordination des chercheurs et des gestionnaires autour de la production et de la circulation des données ne va pas de soi. La ZAA constitue un dispositif organisationnel visant à organiser et à équiper cette coordination ; mais elle ne fait pas pour autant disparaître les stratégies individuelles ou institutionnelles avec lesquelles le projet de mutualisation peut entrer en tension.

---

[10] Ces effets de mutualisation et d'organisation liés au fonctionnement d'un grand équipement en sciences de l'environnement ne sont bien sûr pas sans rappeler les analyses d'effets analogues liés au développement des plateformes technologiques en biologie (Mangematin et Peerbaye, 2005 ; Aggeri *et al.*, 2006), en physique (Traweek, 1988 ; Simoulin, 2012) ou en nanotechnologies (Hubert, 2009).

7.3. Modéliser la biodiversité

Le déploiement d'une interface entre recherche et gestion comme la ZAA a donc partie liée avec un mouvement de massification de la production et de la circulation de données sur la nature, dont témoigne aussi une série de dispositifs destinés à favoriser l'accès à l'information sur la biodiversité à l'échelle internationale (convention d'Aarhus, directive Inspire) ou nationale (Système d'information sur la nature et les paysages en France, Centre de synthèse et d'analyse de la biodiversité : Cesab). Certes, le recueil de données naturalistes n'est pas une activité nouvelle : ses acteurs, ses pratiques et ses enjeux du recueil ont été étudiés en histoire des sciences (Kohler, 2002 et 2006 ; Strasser, 2011). Les données sur la nature sont aujourd'hui produites et rassemblées à particulièrement grande échelle (Kwa, 2010), en lien également avec une perspective de simulation et de scénarisation de la biodiversité afin de parvenir à une meilleure gestion.

Aujourd'hui, les sciences de l'environnement se dirigent vers la production de scénarios d'évolution de la biodiversité afin d'être en mesure de fournir aux décideurs et aux gestionnaires des outils pertinents d'aide à la gestion (Watson, 2005 ; Perrings *et al.*, 2011). Le changement climatique constitue un modèle puissant pour les sciences de la biodiversité : les scientifiques du climat, et notamment les modélisateurs, ont en effet réussi à transformer le changement climatique en un enjeu sociétal majeur et à devenir des acteurs clefs du processus politique (Edwards, 2001). Des programmes de recherche ont ainsi été lancés à différents niveaux pour encourager les écologues à se lancer dans l'élaboration de modèles prédictifs et de scénarios des changements de la biodiversité pour le 21e siècle[11]. Un nombre croissant de formations

[11] À une échelle globale, un programme scientifique international appelé Diversitas a démarré en 1991. Depuis sa réforme en 2000, le premier des trois projets phares (« *core project* ») de son plan stratégique est intitulé Découvrir la biodiversité et prédire ses changements (Discovering biodiversity and predicting its changes). Comme mentionné dans le dernier Cahier technique publié par la Convention sur la Diversité Biologique en 2010 (n° 50), qui s'intitule « *Biodiversity scenarios : projections of 21st century change in biodiversity and associated ecosystem services* », la construction de scénarios de la biodiversité est désormais jugée primordiale au niveau aussi de cette institution clef de la biodiversité. De même au niveau de la plateforme européenne pour la stratégie de recherche sur la biodiversité (*European Platform for Biodiversity Research Strategy* – Epbrs –), qui a récemment adopté une stratégie de recherche dans laquelle les nouvelles approches de modélisation apparaissent parmi les « ruptures conceptuelles et technologiques majeures qui ont marqué la recherche sur la biodiversité et les services écosystémiques dans la dernière décennie ». En France est paru en 2010 le premier appel à projets du nouveau programme de la Fondation pour la recherche sur la biodiversité (Frb), intitulé Scénarios et modélisation pour la biodiversité. Actuellement, modéliser la biodiversité et élaborer des scénarios appa-

en biomathématiques et bio-informatiques est offert aux étudiants en écologie.

Or cette montée de la modélisation en écologie s'accompagne d'un plus grand besoin de données naturalistes. En effet, les modèles nécessitent des données – d'autant qu'il s'agit de prédire l'évolution non seulement d'espèces individuelles mais de groupes d'espèces – pour les alimenter et même pour les concevoir et les étalonner (Edwards, 2001). Les modèles spécifiques à une espèce (*species-specific models*), qui postulent qu'une espèce occupe une niche écologique qui peut être considérée comme stable dans le temps et dans l'espèce (ce sont donc aussi des modèles de niche : *niche-based models*), ne nécessitent pas un grand nombre de données parce qu'ils ne prennent pas en compte les processus de compétition et les perturbations. Mais les modèles de processus (*process-based model*s), qui sont aussi spécifiques à une espèce mais prennent en compte les processus écologiques et intègrent la capacité des espèces à s'adapter localement aux changements climatiques, demandent beaucoup plus de données que les précédents. La manière dont les plantes se comportent et interagissent en fonction de conditions climatiques locales doit par exemple être intégrée dans les modèles. Ce courant de modélisation en écologie s'appuie donc désormais sur des masses de données considérables.

Or les écologues peuvent d'autant moins produire, à eux seuls, les données nécessaires qu'ils sont de moins en moins formés à la reconnaissance des espèces et de leurs communautés. En effet, la phytosociologie et la systématique, considérées comme dépassées et incapables de s'adapter aux standards académiques modernes, ont été complètement délaissées par les laboratoires (Agnarsson and Kuntner, 2007 ; Tancoigne, 2011). Les chercheurs sont alors amenés à reconsidérer les données produites par des établissements comme les conservatoires botaniques, dont la valeur scientifique leur est longtemps apparue mineure, et à nouer de nouveaux partenariats avec le monde de la gestion.

Dans le cadre de la zone atelier Alpes, une des équipes d'écologie s'est rapprochée du conservatoire botanique membre de la ZAA en vue de constituer une base de données commune sous l'impulsion de deux écologues modélisateurs de la biodiversité récemment recrutés. En effet, tandis que les écologues expérimentaux du laboratoire s'étaient relativement peu penchés sur le stock de données du conservatoire botanique, les modèles informatiques sur lesquels ces nouveaux chercheurs travaillent exigent des données en très grand nombre. Alors que les recherches

---

raît comme la première des 10 priorités de recherche mentionnées sur le site web de cette institution.

menées jusqu'alors par les écologues concernaient soit un tout petit nombre d'espèces, soit une surface réduite, ces écologues s'intéressent à l'ensemble de la flore régionale. Les deux modélisateurs se sont tournés naturellement vers le conservatoire le plus proche, dont les données s'avérèrent constituer une véritable « mine d'or » pour reprendre l'expression de l'un d'eux. Ce rapprochement s'est concrétisé lors du montage d'un projet soumis à l'Anr ; une convention a été signée où le conservatoire a accepté de communiquer ses bases de données au laboratoire et celui-ci, en retour, s'est engagé à associer le conservatoire à leurs analyses et à mentionner systématiquement la contribution des botanistes dans les publications. Un des botanistes enquêtés précise que cette perspective « pose les bases d'un partenariat [...] qui reconnaît à sa juste valeur le travail sur l'inventaire des espèces ». Elle éloigne le spectre du « technicien invisible » de Shapin (1989). Ce partenariat entre chercheurs académiques et botanistes du conservatoire renvoie à l'ouverture d'une zone frontière très proche de celle que Kohler a décrite entre sciences de laboratoire et sciences de terrain (Kohler, 2002). Si des produits hybrides – comme la base de données alimentée à la fois par les botanistes et les modélisateurs – circulent dans cette zone, les acteurs n'abandonnent pas leurs manières respectives de connaître : ils empruntent des pratiques, des compétences et des savoirs, sans nécessairement les maîtriser parfaitement, afin de faire des progrès dans leurs propres perspectives – publication académiques pour les chercheurs, contribution à l'amélioration des pratiques de protection pour les botanistes[12].

Bilan

La fréquence de ce type de rapprochements et de partenariats, plus ou moins formalisés, entre gestionnaires d'espaces et chercheurs académiques suggère que l'invention des savoirs de la biodiversité ne passe pas uniquement par la montée des sciences citoyennes. Si les *science studies* ont souvent souligné le rôle des amateurs dans la production de connaissances naturalistes, les gestionnaires d'espaces naturels jouent également un rôle de plus en plus important, et bien plus rarement abordé, dans la production des savoirs à travers des collaborations et des

[12] Les botanistes du conservatoire sont en même temps très proches du monde de la recherche : ils exercent en partie le même type d'activités, possèdent parfois les mêmes diplômes. Le principal fondateur du conservatoire, aujourd'hui retraité, avait par exemple fait une thèse en phytosociologie au début des années 1970. Les objectifs des gestionnaires mêlent interrogations théoriques sur la variabilité des espèces, goût pour la pratique du terrain et engagement dans la conservation de la nature. C'est pourquoi ils témoignent d'une forme d'admiration distante vis-à-vis des chercheurs, tempérée par la conviction de traiter, à la différence de ces derniers, des « vraies » questions pratiques de protection et de gestion.

échanges divers avec les chercheurs. Il importe donc de s'attacher aussi à explorer l'importante contribution des professionnels de la protection et de la gestion de la nature dans la constitution des connaissances sur la biodiversité. Les très grosses bases de données sur lesquelles repose le développement actuel des recherches en écologie sont en effet souvent alimentées simultanément par des chercheurs, des professionnels de la conservation de la nature et des naturalistes amateurs. Il convient donc de suivre les personnes, les données et les objets qui circulent, se construisent et se transforment au fil de leur passage d'un site de production de la connaissance à un autre, sans négliger le rôle des gestionnaires ni celui de structures professionnelles hybrides vouées à la fois à la production de savoirs et à la gestion de la faune ou de la flore comme des conservatoires botaniques. La contribution des professionnels à la fabrique des savoirs de la biodiversité gagne à être analysée au prisme de la constitution locale et contextuelle de zones frontières, éventuellement limitées et précaires, traversées d'objets et de pratiques où s'ancrent les apprentissages réciproques, plutôt qu'en termes de domination par les experts ou encore en termes de coopération généralisée impliquant une nouvelle culture hybride entre recherche et gestion.

CHAPITRE 8

Chercheurs en biodiversité

Pour les chercheurs, circuler entre le monde de la gestion de la nature et celui de la recherche académique ne va pas de soi. Il s'agit en effet de produire à la fois des connaissances valorisables sur un plan académique, des techniques utilisables pour la gestion et des éléments de savoir ou de pratiques partageables avec les acteurs locaux. Or les productions valorisables par des publications dans les revues académiques ne coïncident pas nécessairement avec celles qui vont emporter l'adhésion des acteurs locaux. Les types de preuves relayés par le chargé de mission du parc des Bauges (photos de génisses de deux et trois ans broutant des buissons prises par un des chercheurs impliqués, témoignage d'un agriculteur local sur la réhabilitation de l'alpage...) ne sont pas les éléments privilégiés par les publications des chercheurs concernés, même s'ils ont été produits dans la même dynamique. Un gestionnaire en Vanoise explique attendre d'un protocole mis en œuvre en collaboration avec des chercheurs qu'il apporte « un élément concret de dialogue avec l'éleveur sur quelque chose de tangible... » même si « au niveau scientifique, ce n'est pas grand-chose »... On pressent donc les difficultés de la mise en phase des agendas de recherche entre les demandes des gestionnaires ; ces dernières exigent de travailler longtemps dans le même territoire afin d'en connaître très bien les spécificités et l'histoire, de s'intéresser aux pratiques dans une approche systémique ou interdisciplinaire, de co-construire les questionnements avec les acteurs locaux... Les exigences du monde académique orientent plutôt vers une mobilité géographique importante dans la carrière, vers une spécialisation toujours plus grande, ainsi que vers des pratiques expérimentales en conditions très contrôlées afin de satisfaire les standards de validité statistique qui sont imposés par nombre de revues scientifiques. Un chercheur insiste sur le « grand écart » à réaliser sans cesse entre les exigences du monde de la gestion et celles de la recherche académique.

Cette dernière section s'intéresse aux conditions du développement par les chercheurs en biodiversité d'activités d'appui à la gestion et d'expertise à destination des gestionnaires : comment est-il possible de concilier la réponse aux besoins des gestionnaires et les impératifs professionnels de la recherche académique ? Quels engagements, quelles identités et quelles trajectoires sont alors déployés par les chercheurs en biodiversité ? On souligne ce faisant une dimension du travail scientifique souvent méprisée ou du moins peu valorisée à la fois par les sociologues et par les chercheurs eux-mêmes, à savoir les liens tissés par les scientifiques au cœur même de leur travail avec des gestionnaires à travers des activités d'appui technique, de conseil et d'expertise. Ce type d'activités est souvent considéré comme un sous-produit du « vrai » travail scientifique. La variété des liens que les scientifiques peuvent tisser avec des personnes et des groupes extérieurs à la communauté de pairs est rarement considérée et examinée, y compris en sociologie des sciences. Ces liens sont pourtant constitutifs de zones frontières entre le monde de la recherche et celui de la gestion qui constituent des lieux de coordination, d'innovation et d'apprentissage éventuellement précaires et peu systématisés mais particulièrement créatifs. Leur prise en considération apparaît cruciale si l'on veut plus généralement saisir les conditions de la pertinence sociale et environnementale des sciences de la nature.

8.1. Éléments de cartographie des *biodiversity studies*

Mais tout d'abord : qu'est-ce qu'un « chercheur en biodiversité » ? L'historique de la constitution d'une communauté autour de la biodiversité renverrait à un travail socio-historique à part entière, qui n'est pas l'objet de ce livre. Quelques repères sur la mise à l'agenda scientifique de la biodiversité seront toutefois utiles pour notre propos. On verra que si la communauté des *biodiversity studies* est assez peu institutionnalisée et reste très segmentée, son développement est indissolublement lié au déploiement d'un champ d'action publique sur la biodiversité, où les gestionnaires ont besoin de l'expertise des chercheurs sur cette thématique. On verra ensuite que travailler sur la biodiversité signifie bien souvent pour les chercheurs et les équipes s'inscrire dans une promesse et un horizon d'utilité environnementale.

L'institutionnalisation des sciences de la biodiversité

Mullins (1972) décrit plusieurs stades successifs dans le mouvement d'institutionnalisation d'une communauté scientifique, qui va de la phase paradigmatique (liens informels entre chercheurs), à la phase dogmatique (réseau de communication formalisée et de copublication), puis à la phase académique (mise en place de revues et d'enseignements). Si l'on retient cette typologie comme première grille de lecture, les *biodiversity studies* se situent dans la phase dogmatique, marquée notamment par un début d'institutionnalisation avec la création ou le changement de nom de laboratoires, de revues, de stations de recherche et même d'un master (Écologie Évolution Biodiversité) autour du thème de la biodiversité[1]. Cette institutionnalisation est promue depuis les années 1990 par l'existence de financements publics dédiés aux recherches sur la biodiversité : un premier programme national de recherche « Dynamique de la biodiversité et environnement » est lancé en 1993 dans le cadre du programme Environnement du Cnrs ; à la même période le programme Écologie et Gestion du Patrimoine Naturel (EGPN) du ministère de l'Environnement finance aussi des recherches sur la biodiversité. L'Institut français de la biodiversité groupement d'intérêt scientifique créé en 2000, consolide et pérennise les programmes précédemment mis en place (Barbault, 1993 ; Jollivet, 2004). La fusion de l'Ifb avec le Bureau des ressources génétiques dans la nouvelle Fondation pour la recherche sur la biodiversité en 2008 pérennise et institutionnalise la thématique.

En dépit de cette dynamique d'institutionnalisation, les *biodiversity studies* apparaissent très segmentées. Tandis que la communauté des sciences du climat s'est, sinon unifiée, du moins structurée autour de certains instruments – modèles de simulation du climat notamment – et autour d'une visée globalisée de diagnostic du changement climatique (Miller and Edwards, 2001), dans le cas des sciences de la biodiversité, on assiste plutôt à différentes entreprises de construction de collectifs de recherche autour de la biodiversité, marqués par des tensions, notamment entre disciplines. Malgré les phénomènes de labellisation et relabellisation de laboratoires, départements, équipes, etc. autour du terme de « biodiversité », la communauté s'avère fragmentée en une multiplicité de collectifs, de disciplines et de trajectoires de recherches. Daccache (2011a) a mis en évidence la manière dont une équipe de recherche initialement spécialisée en physiologie s'était réorientée vers la biodiversité depuis quelques années au travers d'une stratégie d'intitulé collectif. La biodiversité permet de structurer une nouvelle identité collective qui n'est cependant pas sans entrer en tension avec les trajectoires, les orientations et les identités individuelles des chercheurs dont aucun – à part le directeur de l'équipe – ne se reconnaît un statut de spécialiste de la biodiversité.

1 Citons simplement : le Programme Cnrs « biodiversité », le Département « Biodiversité, Systématique et Évolution » de l'Université Paris Sud-Orsay ; le Département « Écologie et gestion de la biodiversité » du Muséum d'histoire naturelle, l'équipe « Biodiversité et fonctionnement des écosystèmes… » de l'UMR Bioemco…). L'exemple du Master parisien « Écologie Évolution Biodiversité », qui témoigne actuellement d'un niveau de sélectivité très fort des étudiants candidats, qu'il forme à la fois aux métiers de la recherche académique et aux métiers de la gestion des espaces naturels, montre l'institutionnalisation de la biodiversité non seulement comme orientation de la recherche mais aussi comme contenu pédagogique dans les contenus d'enseignement destinés aux étudiants.

Un premier clivage traversant la communauté française de recherches sur la biodiversité est lié au type de projet, projet pluridisciplinaire ou au contraire entreprise de réaffirmation disciplinaire, qui accompagne la mise à l'agenda scientifique de la biodiversité. Parmi les premiers promoteurs des recherches sur la biodiversité, on compte un certain nombre de défenseurs d'une inclusion des sciences humaines et sociales dans des objets et des questions souvent monopolisées par les sciences biologiques. Un des responsables du programme national de recherche Dynamique de la biodiversité et environnement lancé en 1993 explique ainsi :

> La biodiversité on avait dit : ça ne peut pas se faire sans l'homme.

À côté de ce projet de « débiologisation » des approches écologiques, particulièrement prégnant dans les années 1990[2], la biodiversité est aussi affichée dans une logique de défense et de revalorisation disciplinaire de l'écologie et de la systématique, disciplines longtemps méprisées au regard notamment du succès des approches moléculaires et génétiques. Pour Michel Loreau par exemple, auteur du livre *The challenges of Biodiversity Science*, la biodiversité doit obtenir l'allocation de moyens du même ordre que ceux alloués à l'exploration de l'espace, de la matière (atome) ou encore du code génétique : « We need a major research effort of the size of the space exploration programmes for the exploration of the Earth's biodiversity, the causes and consequences of its loss, and the best means to conserve and use it » (M. Loreau, Oaxaca conference, 2005). Patrick Duncan, nouveau président de la Fondation pour la Recherche sur la Biodiversité, considère dans sa lettre de juillet 2011 que « la recherche dans ce domaine est une des frontières majeures de la connaissance, comparable avec l'astronomie au 17e siècle, la physique au 20e ».

Ce second clivage, entre écologie et systématique, reste structurant dans les sciences de la biodiversité telles qu'elles se sont constituées en France. À preuve ces extraits d'entretien : face à un écologue qui estime que « la biodiversité c'est le nouveau nom de l'écologie », un systématicien au contraire déplore « la disparition de la biodiversité [désignant par là la systématique] sous les coups d'un lobby » (suggérant par là le lobby des écologues)… En effet, tandis que les systématiciens proposent une entrée par les espèces (même si les questionnements de recherche des systématiciens dépassent bien souvent les objectifs d'inventaire et de collection, s'intéressant en particulier à des dimensions phylogéné-

---

2 Aujourd'hui la biodiversité reste l'occasion de tenter d'établir des liens inédits entre sciences biologiques et sciences sociales : à preuve l'exemple de la ZAA. Cependant les logiques – et les contraintes – de défense et de valorisation disciplinaire semblent avoir gagné en puissance.

tiques)[3], les écologues défendent – en simplifiant beaucoup – une entrée par les interactions et les fonctions. Pour les premiers, la biodiversité signifie d'abord diversité d'espèces, alors que pour les seconds, elle est facteur de bon fonctionnement et de stabilité des écosystèmes. Cette différence épistémologique engage aussi des diagnostics différents de la crise environnementale et des options différentes, voire opposées, pour la gérer : sauvegarder les espèces rares et menacées *versus* se préoccuper des espèces utiles au bon fonctionnement des écosystèmes, qui pourraient s'avérer aussi les espèces les plus présentes et les plus banales…

Kwa (2005) a montré comment l'appropriation d'un questionnement sur le changement global en écologie dans les années 1980 n'avait pas remplacé des agendas de recherche plus anciens mais avait donné lieu à des formes d'hybridation résultant en des programmes de travail à des échelles intermédiaires. C'est probablement à un tel mélange de réappropriation, de recyclage et d'innovation que l'on assiste aussi autour de la mise à l'agenda scientifique de la biodiversité, qui sous-tend ainsi une diversité de projets politiques, de disciplines, de courants, et de programmes de recherches.

Un contexte qui valorise l'investissement des chercheurs dans l'expertise et la gestion

Reste cependant que l'émergence des *biodiversity studies* est inséparable du déploiement d'un domaine d'action publique : « Biodiversity science […] is a science that arises from the need to provide broader perspectives on issues of societal relevance that cannot be addressed by traditional scientific disciplines in isolation » (Loreau, 2010, p. 7). Le déploiement d'un champ de recherches sur la biodiversité en France est lié au déploiement simultané d'un nouveau domaine d'action publique dédié à la gestion de la biodiversité – et non plus uniquement à la protection de la nature entendue au sens strict des espèces et des espaces menacés (Blandin, 2009) : l'investissement précoce du ministère de l'Environnement dans le programme EGPN, les missions de l'Ifb puis de la Frb en termes d'aide à la rédaction de la Stratégie nationale sur la biodiversité, montrent que l'émergence des *biodiversity studies* est liée à la montée en puissance d'une demande de capacités d'expertise pour contribuer à la gestion publique de la biodiversité. La question de savoir comment réunir l'expertise nécessaire et comment dialoguer avec les chercheurs en écologie a récemment donné lieu à la rédaction d'un rapport sur l'organisation française en matière d'expertise sur la biodi-

---

3 La phylogénie est l'étude des parentés entre différents êtres vivants en vue de comprendre l'évolution des organismes vivants.

versité, coordonné par l'écologue Yvon le Maho (Le Maho et Bouchet, 2011) pour le ministère de l'Écologie. Une demande d'expertise scientifique s'exprime également au niveau international : la Frb a initié un travail de cartographie des équipes et chercheurs travaillant sur la biodiversité afin de disposer d'une liste des capacités d'expertise nationales pour être en mesure de participer aux futurs travaux d'évaluation internationale dans le cadre de l'Ipbes (*Intergovernmental Platform on Biodiversity and Ecosystem Services*).

Il existe enfin d'autres tendances lourdes plus générales qui concourent à rendre légitime, voire nécessaire, l'investissement des chercheurs en sciences de l'environnement dans des activités de conseil, de support ou d'expertise destinées aux pouvoirs publics et aux gestionnaires. Il s'agit d'abord de la réaffirmation d'une demande de pertinence sociale faite à la recherche – qui s'exprime, paradoxalement, en même temps qu'une exigence également réaffirmée d'excellence académique (Kleinman and Vallas, 2001 ; Tétart et Torny, 2009 ; Hessels *et al.*, 2009). Ce sont aussi les modes de financement des recherches qui se transforment aujourd'hui. Avec la montée d'un fonctionnement par projets de recherches, les partenariats avec des acteurs non académiques sont parfois très appréciés : ils sont alors interprétés comme un indice de l'adéquation avec un critère de pertinence sociale. Enfin, on pense aussi à la baisse générale des dotations internes des laboratoires qui incitent les chercheurs à passer des conventions avec des acteurs publics et privés – collectivités locales, administrations comme les Directions régionales de l'environnement, de l'aménagement et du logement (Dreal), l'Office national des forêts ou l'Office national de la chasse et de la faune sauvage, parcs nationaux ou régionaux, conservatoires… Cette évolution induit par ailleurs une convergence accrue entre les activités de laboratoires dits fondamentaux et celles d'équipes de recherche considérées comme plus finalisées.

Sans entrer dans le débat déjà ancien sur la montée d'un pilotage de la recherche par le contexte et la demande (Nowotny *et al.*, 2001), il s'agit ici simplement de souligner que le fait d'entretenir des liens avec le monde de l'action et de la gestion est devenu aujourd'hui beaucoup plus légitime, voire valorisé, que ce n'était le cas dans les années 1970 où la recherche était davantage dominée par des revendications d'autonomie vis-à-vis des préoccupations dites non scientifiques (Louvel, 2011).

8.2. Articuler recherche et aide à la gestion

Quelle place tiennent alors effectivement les activités d'aide à la gestion et d'expertise dans le travail des chercheurs en sciences de l'environnement ? On va voir que si la plupart des chercheurs en biodiversité partagent une inscription dans un horizon d'utilité sociale, l'investissement effectif dans des activités d'appui technique et d'expertise dépend de la capacité du chercheur à articuler, ou pas, les activités d'expertise avec les impératifs professionnels propres à la communauté académique[4].

Travailler sur la biodiversité : une promesse de pertinence environnementale de la recherche

Pour les chercheurs rencontrés, la biodiversité ne constitue pas tant un objet scientifique qu'une promesse de pertinence du point de vue de la conservation de la nature. L'examen des références à ce terme dans les pages web scientifiques montre notamment que, en utilisant ce mot, ils réfèrent à un contexte social et politique bien plus qu'à un objet de recherche. Travailler sur la biodiversité signifie en fait pour eux avant tout travailler dans une perspective d'application à la conservation. C'est pourquoi ils mentionnent souvent ce terme dans le cadre des introductions d'articles, de thèses ou de communications pour désigner ce contexte politique qui donne sens au travail présenté. Certes, cette référence apparaît notamment lorsqu'ils ambitionnent d'obtenir des financements en soumettant des projets. Ils utilisent aussi le terme biodiversité pour expliquer en quoi consiste leur travail à des non-scientifiques ; en revanche, « si tu parles à quelqu'un qui travaille dans ton domaine, le terme "biodiversité" ne veut rien dire du tout » explique un des écologues interviewés.

La plupart des chercheurs rencontrés se sont livrés à une réflexion éthique sur le bon usage scientifique du terme « biodiversité » : pour eux, revendiquer cette thématique doit s'accompagner d'un effort pour remplir la promesse que porte le label biodiversité. Prétendre travailler sur la biodiversité signifie s'efforcer de produire des résultats qui soient, d'une manière ou d'une autre, pertinents pour gérer les problèmes environnementaux en jeu aujourd'hui. C'est pourquoi beaucoup ont hésité, choisi leurs mots et développé des explications pointues lorsqu'ils étaient interrogés sur leurs recherches sur la biodiversité. Mais cela explique aussi que beaucoup de chercheurs aient accepté volontiers et rapidement de participer à un entretien présenté comme visant à

---

[4] Une quarantaine d'entretiens ont été menés auprès de chercheurs représentant diverses spécialités (écologie des populations, écologie des communautés, écologie fonctionnelle, microbienne, écoéthologie, écophysiologie, systématique...) ainsi que différentes appartenances institutionnelles (universités, Cnrs, Cemagref, Inra). Il s'agit essentiellement de chercheurs en poste, pour la majorité d'entre eux directeurs de recherches ou professeurs en charge de la direction de laboratoires ou d'équipes – même si nous avons également rencontré quelques jeunes chercheurs et quelques chercheurs retraités.

comprendre les dynamiques de constitution d'une communauté scientifique sur la biodiversité. Certains d'entre eux ont d'entrée de jeu endossé la posture de l'entrepreneur de problème scientifique et *in fine* d'entrepreneur de discipline, défendant l'actualité ou l'urgence de traiter d'approches évolutives ou fonctionnelles et de reléguer par exemple aux oubliettes les approches qualifiées de « petite fleur et loup ». Cependant, cette sollicitation par des sociologues semble aussi avoir résonné pour certains d'entre eux comme l'occasion de se confronter avec un horizon de pertinence sociale et d'utilité environnementale.

Il importe ainsi de voir que nombre de chercheurs, tout en étant plus ou moins sceptiques sur l'utilité directe de leur travail dans un horizon de conservation, considèrent pourtant cette attente générale d'utilité d'une science de la biodiversité comme tout à fait légitime. Bien sûr, cette promesse et cet horizon d'applicabilité de la science ne sont pas spécifiques à la thématique de la biodiversité. Gieryn (1983) a montré comment les chercheurs, pour justifier publiquement leur activité, articulent un discours sur l'autonomie de la science et un discours sur son utilité et sa finalisation. Toutefois, la question de la biodiversité – comme d'autres thématiques sanitaires (voir sur la sécurité alimentaire Tétart et Torny, 2009) – soulève des espérances et des attentes fortes vis-à-vis de la capacité des scientifiques à apporter des éléments de diagnostic contribuant à résoudre des problèmes importants, voire urgents. L'investissement sur la biodiversité s'accompagne ainsi d'une injonction intériorisée par les chercheurs à se sentir concernés par le contexte de conservation de la nature et de crise environnementale et, pour un certain nombre d'entre eux, à s'investir dans des arènes ou des activités proches du politique ou de la gestion[5].

Recherche et expertise : une articulation sous contrainte

S'intéresser au point de vue des chercheurs eux-mêmes sur leurs activités d'expertise permet de comprendre les conditions de leur investissement dans de telles activités. Si le choix du chercheur de s'investir, ou pas, à un moment donné dans une activité d'expertise tient à certains facteurs individuels (convictions personnelles, ancienneté dans la profession) et à d'autres déterminants (type de sollicitation, existence d'une rétribution ou d'une compensation financière…), cet investissement est

---

5 Cette injonction à produire des connaissances utiles à la gestion est partagée au niveau international par une partie importante de la communauté académique : « We strongly believe, thus echoing […] the conclusions of the 700 scientists who recently met at the Diversitas Open science conference […], that time has come for scientists to educate themselves about policy work in order to become "responsive to the knowledge needs of society". Scientists can no longer hope that their work will somehow be used by policy makers » (Larigauderie and Mooney, 2010, p. 14).

aussi étroitement lié à la capacité du chercheur à articuler l'expertise au reste de son travail de recherche[6].

Plus précisément, l'investissement des chercheurs dans l'expertise dépend de la possibilité d'articuler ces activités au reste du travail de recherche à deux niveaux : sur le plan de l'organisation du travail et sur celui de sa valorisation. Au niveau de l'organisation du travail, il s'agit que la réalisation des activités d'expertise puisse être rendue compatible avec la gestion du temps et du personnel de travail ainsi qu'avec l'organisation logistique des investigations empiriques ; au niveau de la valorisation du travail, il s'agit qu'elles puissent s'accompagner, au moins dans une certaine mesure, de la possibilité de publier dans des revues scientifiques reconnues. C'est en effet de la valorisation académique que dépendent la reconnaissance par les pairs ainsi que le passage des grades en interne à la carrière de chercheur, même si la participation à des activités d'expertise peut contribuer à d'autres formes de reconnaissance du travail de recherche – relations liées avec des personnalités politiques par exemple. Il ne suffit donc pas de pointer la condition d'ancienneté et de reconnaissance déjà acquise dans le monde académique pour expliquer que les chercheurs seniors s'investissent plus souvent dans des activités d'expertise que les jeunes chercheurs. Il est surtout essentiel pour le chercheur de pouvoir intégrer l'expertise dans l'organisation du travail de l'équipe et notamment dans l'organisation du travail empirique, ainsi que de pouvoir autant que possible allier le produit d'expertise à un produit publiable dans les revues scientifiques.

Des vécus contrastés

La nature et l'ampleur des investissements des chercheurs dans les activités de conseil, de support et d'expertise sont variables. Les témoignages sur le vécu de ce type d'activités sont extrêmement contrastés pour un même travail d'expertise[7], entre des individus qui ont « trouvé ça très intéressant » ou ont été « enthousiasmé[s] », et d'autres pour qui cela a très clairement été un « cauchemar » (pour reprendre les termes des enquêtés eux-mêmes)... Les activités d'expertise ne concernent pas tous les chercheurs rencontrés et peuvent, lorsqu'elles existent, constituer une part plus ou moins importante de leur travail. Voyons d'abord

---

6 On s'appuie ici sur la notion d'articulation développée par Fujimura (1987) pour pointer les différentes formes de bricolage (« *tinkering* ») accomplies par les chercheurs afin de construire des problèmes de recherche qui satisfassent différents ordres de contraintes – celui du travail expérimental, celui de l'organisation du laboratoire et celui du monde social qui inclut les collègues ou les hiérarchies plus à distance et les financeurs.

7 L'expertise collective coordonnée par l'Inra sur le thème « Agriculture et biodiversité » dont il sera de nouveau question plus bas.

les cas de deux chercheurs caractérisés par des investissements contrastés.

Dans le panel de chercheurs rencontrés, l'un des chercheurs les plus investis dans une posture d'appui et de réponse aux gestionnaires est un écologue d'une cinquantaine d'années travaillant au Cnrs sur des questions de connectivité écologique :

> Pour moi, ça [l'orientation vers la gestion et les activités d'expertise] a pris beaucoup d'importance. [...] Et c'est vraiment... une recherche même impliquée, pas juste appliquée où on fournit des résultats dans un rapport et... on laisse, et on parle d'autre chose. On essaie de suivre, évaluer et... et aller plus loin.

Il mène des travaux dans le cadre de conventions de financement avec de nombreux gestionnaires, parcs, Dreal (Direction régionale de l'environnement, de l'aménagement et du logement), Conseils généraux et régionaux, aménageurs privés. Il fait également partie de plusieurs commissions scientifiques, dans le cadre d'un conservatoire botanique national, d'un Parc naturel régional, d'un Conseil scientifique régional de protection de la nature (Csrpn), ainsi que du comité français de l'Uicn (Union internationale pour la conservation de la nature). Fréquemment sollicité pour contribuer à l'élaboration de chartes ou de procédures de gestion d'espaces sensibles, il explique que la réponse à ces sollicitations passe par une organisation du travail liée à l'encadrement de stages de master ou à la délégation à un ingénieur de recherches :

> Par exemple, le Conseil Général souhaite identifier ce que peut être son rôle dans la mise en place de la trame bleue. Donc... je prépare un sujet de master là-dessus et on le mène sur... sur une année. C'est un exemple, mais il y en a... je peux vous donner une dizaine d'exemples de ce genre de choses où... Ou la DREAL, voilà, maintenant ce que... la DREAL a maintenant besoin de... d'élaborer son schéma régional de cohérence écologique et stratégie de création d'aires protégées. Donc, j'ai fourni deux demandes de subvention pour travailler là-dessus avec eux. J'embauche... mon ingénieur de recherche va travailler là-dessus avec moi et fournir des propositions de méthodologies pour le faire.

Pour lui, ces activités sont liées à un engagement personnel au service de la gestion de la biodiversité mais aussi, comme la citation précédente le suggère, à la possibilité d'articuler la réponse aux sollicitations des gestionnaires avec la gestion de l'équipe qu'il coordonne : la réalisation concrète des travaux est en effet confiée à des stagiaires qu'il encadre ou à un ingénieur de recherches avec qui il collabore. Par ailleurs, elles ouvrent relativement aisément sur la possibilité d'en tirer des publications scientifiques :

> Ça s'articule assez bien. Il est clair que je passe beaucoup de temps là-dessus, donc je ne passe pas autant de temps à rédiger des publications mais bon, si on réfléchit correctement… […] En tant que scientifique, on a toujours des questionnements scientifiques, donc on doit toujours pouvoir le publier, tout en infléchissant la manière de le faire pour que ça puisse avoir une valeur ajoutée pour les gestionnaires.

Un autre écologue, âgé de moins de quarante ans, travaillant au Cemagref-Irstea et spécialiste des questions d'hétérogénéité spatiale de la végétation, estime à l'inverse que répondre aux questionnements des gestionnaires est loin d'aller de soi. Il participe au conseil scientifique d'une réserve et mène un projet sur financement de l'Office national de la chasse et de la faune sauvage. Pourtant, il estime que l'articulation entre les demandes des gestionnaires et la valorisation scientifique à destination des pairs relève du « grand écart » sinon de la « schizophrénie » :

> C'est caractéristique du grand écart qu'on nous demande […] : c'est d'être à la fois performant sur l'aspect scientifique et publications, et…et à la fois répondre à une démarche vraiment de réponses à des questions d'acteurs du terrain.

Pour lui, satisfaire les questions des gestionnaires exige de repenser *a posteriori* des dispositifs expérimentaux conçus dans une logique initiale de questionnement scientifique académique, par exemple en ajoutant des dimensions éventuellement assez lourdes à un protocole d'observation ou d'expérimentation :

> Ce qu'on essaie de faire parce que c'est notre culture [universitaire], c'est d'essayer de transformer ces études un peu fondamentales, académiques pour en retirer des éléments ensuite pour le… pour les éleveurs et les gestionnaires, mais ce n'est pas forcément quelque chose qu'on fait naturellement.

Et si ces dimensions expérimentales ajoutées expressément pour répondre aux interrogations des gestionnaires sont jugées intéressantes ou du moins légitimes au sens où le projet est financé par le gestionnaire, le chercheur estime qu'il ne sera en revanche pas possible de les valoriser dans un article scientifique :

> Ce n'est pas forcément sans intérêt, mais en tout cas, c'est difficilement valorisable. Et je pense même d'ailleurs que sur l'article qu'on va préparer là sur les premiers résultats qu'on a, c'est des éléments qu'on n'intègrera pas dedans. Mais qui, par contre, sont dans le rapport destiné au programme… au programme financeur.

Il explique que l'un des obstacles à la valorisation académique des résultats tient notamment à la difficulté de parvenir à une validité statistique suffisante des expérimentations et observations menées sur les territoires gérés ou exploités par les gestionnaires : les critères de publication des revues en écologie demandent en effet de réaliser un grand nombre de « réplicats » dans des conditions contrôlées, ce que le travail *in situ* permet difficilement, surtout quand les paramètres qu'il faut faire varier sont liés à des pratiques humaines (type d'agriculture ou d'élevage) qui restent modérément contrôlables (Henke, 2000). Un autre écologue explique :

> Même quand les gens disent « on a planté un certain nombre de parcelles sur une zone homogène, etc. » … quand on fait des mesures fines, on voit toujours des différences. Il y a toujours des gradients, etc. Or, nos communautés [végétales], elles réagissent très facilement à ça. […] Il y a la maîtrise également du niveau de pâturage qui n'est pas toujours évidente hein… quand la variable est « ah le mec, il passe… il passe deux fois par an… il y a son troupeau qui traverse la zone », par exemple. Ben quand c'est ce type-là d'information qu'on a sur l'intensité du pâturage, ça peut parfois être un petit peu faible par rapport à ce qu'on aimerait nous avoir comme variable d'entrée.

C'est pourtant les résultats obtenus sur leurs territoires qu'ils gèrent ou qu'ils exploitent qui intéressent au premier chef les gestionnaires, peu soucieux pour beaucoup des études réalisées dans des contextes différents (on l'a vu dans le cas des rencontres organisées par le parc du Mercantour).

À partir de ces deux exemples contrastés – et même si cela n'est peut-être plus étonnant à l'heure où les organismes de recherches convergent de plus en plus dans leurs politiques (Tétart et Torny, 2009) – il reste intéressant de noter que le chercheur du Cemagref-Irstea est moins orienté vers l'aide à la gestion que le chercheur du Cnrs. Par ailleurs, au-delà de la question de l'ancienneté, ils suggèrent aussi l'existence de stratégies professionnelles pour organiser le travail (délégation du travail à un stagiaire ou un assistant de recherches, partage du temps de travail) et le valoriser (infléchir un travail pour qu'il puisse être valorisé à la fois pour les gestionnaires et par une publication) qui conditionnent l'investissement dans les activités d'expertise et le vécu que les chercheurs en ont. Les chercheurs articulent en effet leurs activités d'expertise avec le reste de leur travail de recherche sur les deux plans de l'organisation et de la valorisation du travail.

La contrainte de l'organisation du travail

La contrainte organisationnelle ne s'exprime pas de la même manière selon le type d'activités d'expertise qui est déployé. Dans certains cas, le chercheur se fonde sur l'expérience et la connaissance qu'il a accumulées – sans travail de terrain spécifique – alors que dans d'autres cas, il met en place un dispositif expérimental *ad hoc* ou le modifie expressément pour obtenir des réponses aux demandes des gestionnaires.

Lorsqu'aucun travail empirique spécifique n'est mené, la contrainte que les chercheurs soulignent sur un plan organisationnel est surtout celle de la gestion du temps. Il s'agit d'abord du temps passé à siéger dans un comité et à examiner des dossiers, ou encore à rédiger des rapports (avec des contraintes éventuellement spécifiques de rédaction et de lisibilité) et à exposer des résultats devant les publics concernés :

> – Et ça signifie quoi comme travail ? Je veux dire comme travail concret ?
>
> – Ah ! Bien, des... des réunions en groupe de travail, et après des rapports. Et après, finalement, des exposés devant des... des autorités politiques, ça peut être la région, le Conseil Régional... au ministère de l'Agriculture, ce genre de choses, voilà. Quitte à aller jusqu'à des assemblées plus larges, des... comment ça s'appelle, des assemblées de sylviculteurs, où on nous demande notre avis sur tel ou tel sujet, quoi.

L'expertise peut devenir encore plus chronophage quand les chercheurs s'engagent dans des travaux de revue de littérature, comme dans le cas de l'expertise scientifique collective de l'Inra « Agriculture et biodiversité ». Plusieurs chercheurs concernés ont souligné que le temps passé à l'identification et la lecture de papiers, articles publiés ou littérature grise, avait été nettement supérieur à ce qu'ils escomptaient en s'engageant dans ce travail :

> C'est... avec un travail énorme... Personne ne s'attendait à travailler autant. Et donc, ben on s'est fait un peu prendre les uns, les autres à différents degrés. [...] C'est tout mon temps de recherche qui passe pratiquement là-dessus. Enfin à part mes étudiants, mais... Donc, c'est énorme.

Dans le même sens, un autre participant souligne la masse de papiers qu'il a fallu trier et consulter :

> Je crois que la première difficulté ça a été la masse avec laquelle... la masse d'informations avec laquelle on est arrivé. C'est monstrueux quoi, la quantité de... [...] là je sais pas on est arrivé à... on a fait les premières interrogations on est arrivé avec 1 500 articles quoi.

Un chercheur explique avoir finalement refusé de participer au *Millennium Ecosystem Assessment* – dont les réunions se passent à l'étranger – parce que « c'était vraiment trop ».

Cette gestion du temps s'exprime au niveau individuel et au niveau collectif de l'équipe d'insertion. Un participant à l'expertise « Agriculture et biodiversité » conclut de son expérience que, pour le futur, il conviendrait de prévoir une compensation à ce temps passé dans l'expertise et perdu au niveau de l'animation du collectif de travail, par exemple sous la forme de l'embauche de personnel temporaire :

> Pas une décharge [de travail] mais disons que ce [l'expertise] soit intégré. Parce que si vous voulez moi j'ai l'impression que moi ce que j'ai fait pendant un an et demi c'est que j'ai lu des articles, j'ai rédigé des choses, j'ai fait des choses comme ça mais moi mon équipe n'en a absolument pas profité ... et je pense que ça d'une façon ou d'une autre il faut qu'il y ait une compensation au niveau de l'équipe [...] en contrepartie il y a un financement pour son équipe, ou prendre quelqu'un ou voilà quoi. Et ça, à mon avis c'est essentiel pour qu'il y ait une véritable mobilisation des scientifiques vers l'expertise.

Dans le cas où les activités de conseil et d'expertise demandent un travail empirique spécifique, la gestion du temps peut se résoudre en déléguant ce travail empirique à un stagiaire ou à du personnel assistant les chercheurs. Mais dans un tel cas, l'investissement dans l'expertise peut aussi en retour ouvrir une opportunité logistique : elle peut permettre d'accéder à des terrains particulièrement bien adaptés pour mener certains travaux expérimentaux ou certaines observations. Une contrainte forte de l'activité des chercheurs sur la biodiversité est en effet liée au fait de devoir travailler « en plein air », dans des milieux dont la maîtrise leur échappe donc en grande partie, à l'inverse du microcosme du laboratoire. Le climat, les difficultés d'accès aux sites ainsi que la nécessité d'établir des bonnes relations avec leurs usagers et exploitants éventuels (agriculteurs notamment) peuvent rendre le travail des chercheurs particulièrement difficile. Comme on l'a vu plus haut, un partenariat, formalisé dans une convention qui prévoit des formes de restitution ou la formulation de recommandations, peut alors constituer une occasion non négligeable pour les chercheurs d'accéder au terrain et d'y développer leurs protocoles dans de bonnes conditions.

La contrainte de la valorisation du travail

La participation même à des comités, des rapports ou des études commanditées par des gestionnaires est très peu valorisée en termes de reconnaissance par les pairs et d'avancée dans la carrière académique. Mais même si l'ancienneté décharge en partie les chercheurs de la course à la reconnaissance et rend plus aisé l'investissement dans l'expertise, certains chercheurs fortement investis dans des activités d'expertise continuent pourtant de publier, en s'arrangeant pour mener les deux types d'activité de front.

Là encore, les stratégies développées sont différentes en fonction des types d'activités d'expertise. Lorsqu'aucun travail *ad hoc* n'est mené, le chercheur s'appuie en général sur des résultats qui ont déjà été développés et valorisés suivant une logique académique. Un écologue spécialiste de la diversité génétique forestière explique par exemple livrer des

« diagnostics » fondés sur les connaissances et l'expérience acquises par lui-même ou son équipe :

> [Nous nous fondons] sur notre connaissance à la fois des espèces concernées, là... et puis sur notre connaissance un peu des... des mécanismes de la manière dont fonctionnent les forêts, etc. et puis de ce qu'on peut dire. Des fois, on ne peut pas dire grand-chose. Par contre, des fois, on a suffisamment d'éléments pour donner des recommandations.

En revanche, les chercheurs qui ont investi du temps dans une étude *ad hoc* ou même dans une revue de littérature comme dans le cas de l'expertise « Agriculture et biodiversité » s'efforcent en général de pouvoir publier une partie au moins de ces travaux :

> Heureusement on arrivera, je pense, à être publié.

Ce qui ne signifie pas que les chercheurs ne mesurent l'apport du temps passé à l'expertise que sous l'angle du nombre de publications adossées à cet investissement. Plusieurs soulignent aussi l'aspect formateur de cet exercice, l'ouverture qu'il permet sur des aspects plus sociologiques, politiques (voir comment fonctionnent les ministères et développer des relations assez étroites avec des personnes haut placées dans l'administration de l'environnement ou dans le gouvernement, qui contribuent également à la reconnaissance de leur discipline ou de leur propre travail) ou éthiques[8], ainsi que l'intérêt qu'il y a pour des recherches futures à avoir fait le tour de la littérature sur une question, qui peut parfois amener à repositionner son regard et ses questionnements.

Mais au-delà de cet intérêt et de cet aspect formateur, la plupart des chercheurs soulignent que les résultats intéressant les gestionnaires se confondent rarement avec les résultats qui pourraient être publiés. En effet, comme on l'a déjà suggéré, les résultats intéressant les gestionnaires sont souvent des résultats contextualisés, portant sur leurs territoires plutôt que sur des mécanismes généraux et abstraits, alors que la publication dans des revues implique un plus fort degré de montée en généralité. Les manières de s'y prendre pour faire en sorte que l'investissement dans des études et travaux répondant aux intérêts des gestionnaires puisse s'accompagner de l'obtention de résultats susceptibles d'être publiés sont multiples.

---

8 Voir ce témoignage : « Pour moi, ça a été une sacrée expérience, vraiment très très intéressante en termes de réflexion, à la fois sur bon, la valeur qu'on accorde aux éléments de biodiversité. Quand les gens me demandaient : mais à quoi il sert votre pique-prune [espèce de scarabée], je leur disais : ben je ne sais pas, à rien, ça fait partie de ces bestioles dont on pourrait imaginer que la nature puisse éventuellement se passer quoi, donc c'était pas très facile. Ça m'a fait réfléchir à la question des valeurs liées aux éléments de biodiversité, à la prise de décision publique, au fait que ben les points de vue sont divergents, s'opposent et qu'il faut bien en sortir. »

Arrêtons-nous brièvement sur le cas de chercheurs qui se sont investis de manière très importante, tout au long de leur carrière, dans des études pour des gestionnaires, au détriment parfois de leur capacité de publication dans des revues académiques. Il s'agit de chercheurs qui ont développé une posture d'appui technique auprès de gestionnaires locaux (notamment parcs nationaux ou régionaux, instituts techniques agricoles). Ils ont produit un certain nombre de guides, méthodes de diagnostic et d'évaluation de la végétation d'alpages qui sont souvent très appréciés par les gestionnaires. La reconnaissance qu'ils ont acquise auprès de ces gestionnaires est notamment liée à une connaissance approfondie des territoires de ces gestionnaires, qui sont leurs terrains d'investigation, ainsi que des pratiques spécifiques. Or la réalisation de tels travaux, de type parfois monographique, est, de l'avis même de ces chercheurs, peu compatible avec l'énoncé de diagnostics plus généraux et abstraits qui auraient pu donner lieu à publication[9]. Ce type d'investissement dans l'expertise à distance des critères de valorisation académique est surtout le fait de chercheurs retraités : il paraît aujourd'hui devenu difficile, voire impossible, du fait du durcissement des critères d'entrée dans le métier et de progression dans la carrière.

Pour les autres chercheurs concernés, articuler l'obtention de résultats intéressant les gestionnaires et celle de résultats publiables peut passer par le montage d'un protocole ou d'une étude à « tiroirs », où l'on attend des registres de résultats différents dans la même investigation ; ou encore par le fait de dédier certains protocoles et certaines études à la réponse aux gestionnaires (notamment si leur mise en œuvre peut être déléguée) tandis que le chercheur conserve du temps personnel pour rédiger des publications qui ne s'appuieront qu'indirectement sur ces investigations-là ; ou enfin, comme le montrent Henke (2000) et Kohler (2006), par l'exercice d'un contrôle plus ou moins étroit sur les acteurs de terrain et leurs pratiques de manière à se rapprocher des critères de production de connaissance en vigueur dans les sciences de laboratoire.

---

9 L'un d'eux souligne par exemple la difficulté de formuler des réponses isolant les facteurs humains des facteurs physiques ainsi que les difficultés de la prédiction des évolutions quand il s'agit de comprendre les effets des pratiques agricoles sur la biodiversité : « Y a rien de plus difficile que la connaissance de la dynamique de ces milieux de montagne, de ses effets sur les conditions d'usage [...] Donc si vous prenez les 30 ans de travaux qu'on a fait là [...] on a jamais pu faire de pronostic d'évolution, de ces... Par exemple cette trentaine de faciès, euh... sauf cas particulier... [...] C'est hyper compliqué parce que... parce que scientifiquement personne n'est capable d'émettre des hypothèses au-delà d'une certaine évolution de quelques décennies. » (un agro-écologue).

Conclusion

Il n'y a donc pas de trajectoire type qui caractériserait les chercheurs investis dans l'expertise, comme il n'y a pas un schéma systématique, une recette, qui caractériserait leur démarche de travail. L'investissement dans des activités d'expertise, quelles qu'elles soient, ouvre plutôt un jeu de contraintes et d'opportunités pour le chercheur qui s'expriment sur des registres divers – durée et quantité de travail pour l'individu et son équipe, facilité de l'accès au terrain, possibilité de valorisation par la publication, diversification des réseaux et des modes de reconnaissance, etc. Alors qu'il est courant de souligner le déterminant professionnel (ancienneté dans la carrière), il convient plutôt d'examiner les stratégies déployées par les chercheurs pour tenter de publier à partir, ou à côté, des activités d'expertise qu'il mène. Il existe par ailleurs d'autres déterminants ou conditions plus pragmatiques, comme la possibilité de déléguer le travail de terrain à un stagiaire ou celle d'accéder à un terrain d'observation ou d'expérimentation grâce à une convention avec un gestionnaire.

L'investissement dans ces activités de support et d'expertise à destination des gestionnaires et des décideurs ne s'explique donc pas uniquement par des paramètres individuels (l'inclination) ou contingents (le type de sollicitation), mais aussi par des paramètres internes au fonctionnement du monde de la recherche, liés aux logiques organisationnelles et aux impératifs professionnels du monde académique. Il existe certes des tendances lourdes liées aux financements et aux modes de légitimation dans le monde académique qui tendent à faciliter l'investissement des chercheurs dans des activités qui ont pu être auparavant plus strictement exclues de la définition de la « bonne recherche » ; toutefois, comprendre la mise en phase des exigences de connaissance et des exigences de gestion nécessite aussi de considérer les formes d'organisation possibles pour le chercheur vis-à-vis de son collectif de travail et de son objet d'études, ainsi que les stratégies déployées face aux injonctions croissantes à la publication.

C'est souvent à partir des figures du chercheur-militant environnemental (Takacs, 1996), du chercheur signataire de pétition (Bonneuil, 2006), ou du chercheur-lanceur d'alerte (Chateauraynaud et Torny, 1999) qu'est pensée la participation des chercheurs à l'action publique. Or les chercheurs dont il est question ici ne sont pas nécessairement des militants, mais ils s'investissent, au quotidien pour certains, dans l'appui à des réseaux et des institutions vouées à la gestion de la nature. Il existe ainsi tout un continuum de manières pour les chercheurs de s'engager dans des activités et des arènes en prise avec la gestion et l'action : il importe de se pencher sur ces formes plus discrètes d'engagement des chercheurs pour saisir les figures de mise en phase des exigences de connaissance et des exigences d'action dans le domaine environnemental.

Conclusion

Micropolitiques et savoirs de la biodiversité

Les transformations de la protection de la nature liées à la biodiversité impliquent un recours accru aux savoirs. Ces savoirs ne préexistent pas : ils sont produits par des chercheurs, en lien souvent étroit avec les gestionnaires, et expérimentés dans les territoires concernés. Ces dynamiques de production de savoirs transforment les rapports entre les acteurs eux-mêmes, puisque les rapports entre protecteurs et exploitants agricoles notamment ne peuvent plus se comprendre seulement en termes d'affrontement d'idéologies ou de lobbies : ils sont informés par des dynamiques de production de preuves et de références techniques concernant la gestion des milieux naturels.

Les savoirs n'impactent pas seulement les acteurs, leurs relations, leurs stratégies et leurs pratiques en tant qu'ils proposent des contenus nouveaux de connaissance, des preuves qui viendraient clore une controverse (par exemple celle qui oppose les promoteurs et les détracteurs des bénéfices de l'élevage pour la conservation de la biodiversité). C'est aussi leur dynamique même de production dans sa dimension concrète et quotidienne qui influence et modifie les configurations locales d'action collective, dans la mesure où les chercheurs travaillent en partie *in situ*, sur le terrain, et poursuivent des formes d'échange et de collaboration plus ou moins formalisées et pérennes avec les gestionnaires. Ces zones frontières entre recherche et gestion ne sont pas simplement productrices de nouveaux résultats au sens des revues scientifiques, mais aussi de savoir-faire (comme dans le cas des conseillers agricoles des Bauges), de pratiques, d'identités ; elles montrent que, contrairement à une définition restreinte du politique, les micropolitiques de la biodiversité ne sont pas affaire uniquement de luttes de pouvoir ou de stratégies de lobbying entre protecteurs et exploitants mais aussi de production de savoirs partagés et de nouvelles références techniques.

Les zones frontières entre recherche et gestion considérées dans ce livre sont variées : expérimentation locale de contraception des marmottes, dispositif national de dénombrement des loups, suivi d'un alpage bauju, mise en place de partenariats et d'échanges de données au sein de la Zone Atelier Alpes, co-construction d'une base de données entre une équipe de recherche et un conservatoire botanique, investissements « routiniers » des chercheurs dans des activités d'appui à la gestion et d'expertise… Elles montrent aussi que les professionnels de la gestion de la nature recourent de plus en plus aux critères et aux modes de production de savoirs académiques, à la fois en interne en utilisant des techniques et des outils sophistiqués, et par des collaborations avec des équipes académiques ; c'est au point d'ailleurs que travailler dans ces structures de gestion de la nature constitue un débouché alternatif pour les docteurs en sciences de l'environnement ; symétriquement, la recherche en sciences de l'environnement est traversée par une injonction croissante à se finaliser au service de la conservation et de la gestion de la nature, et à nouer, en interne, des partenariats avec les structures de gestion[1]. Là encore, on n'assiste pas à la dissolution des distinctions entre les mondes professionnels de la recherche et de la gestion de la nature (leurs logiques et leurs impératifs restent très différents) mais bien à l'émergence de formes d'échanges, de coordinations et d'apprentissages situés à la frontière entre les mondes. Les zones frontières entre recherche et gestion s'avèrent ainsi particulièrement productives quand il s'agit de mettre au point des connaissances utiles à la protection de la nature à l'heure de la (co)gestion de la biodiversité.

Retour sur un itinéraire en zones frontières

Partis d'une expérimentation de contraception de marmottes dans un parc national, ce cheminement au sein des micropolitiques de la biodiversité nous a menés pour finir au cœur des laboratoires et des pratiques de recherches des chercheurs en biodiversité. À l'issue de cet itinéraire, c'est un ensemble de paysages particulièrement variés qui se dessine. À ce titre, cet ouvrage relève d'une authentique ethnographie multi-sites[2] : il ne s'attache pas à investiguer un terrain particulier mis en perspective dans un contexte plus global, mais il décrit une série de configurations qui se recoupent et s'intriquent. Les configurations étudiées correspondent à des échelles géographiques et temporelles diverses ainsi qu'à une série d'enjeux à chaque fois en partie spécifiques. Il s'agit la plupart du temps d'actions en cours saisies dans toute leur précarité, même si elles sont remises en perspective dans une histoire plus longue des territoires : la gestion de la biodiversité reste en effet une norme émergente, dont il est bien difficile aujourd'hui de prévoir toutes les conséquences. La contraception de marmottes est une expérimentation sur un temps court

[1] Les relations entre la sphère académique et les structures gestionnaires de la nature sont marquées par les mêmes figures de transformation symétrique et d'interpénétration qui ont été décrites dans le cas des transformations des relations entre recherche et industrie aux États-Unis à la fin des années 1990 (Kleinman and Vallas, 2001).

[2] Pour une présentation de la notion d'ethnographie multi-sites voir Marcus, 1995.

(deux ans), finalement non reconduite ; la gestion des loups constitue un champ d'action publique peu stabilisé ; les métiers de l'environnement n'ont pas fini de s'inventer et de se transformer ; les entreprises de conciliation ouvertes par les chargés de mission des parcs sont fragiles ; les *biodiversity studies* constituent un champ de recherches émergent…

Quant aux acteurs enquêtés, on l'a vu : ils sont nombreux et diversifiés. Il ne s'agit donc pas de prétendre avoir fait « le tour » de ceux qui revendiquent aujourd'hui s'occuper de protection et de gestion de la nature ; au contraire, ce livre souligne que les préoccupations et les objectifs écologiques actuellement s'infiltrent et transforment de l'intérieur bon nombre d'institutions et d'activités préexistantes. Plutôt que de délimiter *a priori* un cercle d'acteurs ou de catégories d'acteurs qui constitueraient l'ensemble des professionnels de la nature, j'espère avoir suggéré la plasticité et l'extension indéfinie de cette catégorie au fur et à mesure que de nouveaux acteurs et de nouvelles institutions revendiquent la nature pour métier. Ce sont ainsi aujourd'hui nombre d'agriculteurs, de chasseurs ou d'autres types d'usagers ou d'exploitants des ressources naturelles qui, du fait de la familiarité qu'ils entretiennent avec les êtres de nature, affirment développer une action positive quant à leur gestion et à leur protection. Le nombre et la variété des nouveaux professionnels de la nature ne cessent donc de croître. Mais ce serait l'objet d'un autre ouvrage de consacrer à ce phénomène d'écologisation des activités et des métiers tous les développements qu'il mérite.

La gestion en question

Cet itinéraire pointe un remaniement important des manières de protéger la nature – même si ce remaniement se décline suivant les territoires et s'avère parfois ténu ou diffus. Avec la montée d'un répertoire expert et gestionnaire, il s'agit même plus largement d'une évolution des manières de faire société avec les êtres de nature : on a vu que les natures en question se trouvaient elles-mêmes transformées, équipées, étudiées et fréquentées de manière inédite. Quel jugement porter sur la montée de ce répertoire expert et gestionnaire, qui préfère souvent s'ancrer dans la notion de biodiversité que référer à l'idée plus classique de protection de la nature ? Pour certains, la biodiversité est porteuse d'une démocratisation des enjeux de protection à travers une débiologisation des enjeux écologiques : « Maintenir la diversité naturelle va permettre de rechercher des ressources dans la diversité des espaces, des pratiques et des personnes qui étaient, jusqu'à présent, peu associées à de tels projets… » (Mougenot, 2003)[3]. Pour autant, on a vu la place importante prise par les spécialistes, les chercheurs, les gestionnaires des

[3] Voir aussi : Barbault, 2006.

parcs ou de l'Oncfs, dans nombre des dossiers étudiés. Il s'agit bien de la montée d'un répertoire de gestion savante qui fait la part belle aux spécialistes de la nature, même si ceux-ci sont aujourd'hui plus nombreux et plus divers que jamais. On peut même penser que c'est probablement autour des diverses opportunités de s'affirmer comme expert de l'environnement et de la biodiversité que se joue la possible démocratisation des politiques de protection de la nature : l'attribution du titre d'expert, loin d'être définitivement gelée et figée, est au cœur de (ré)affirmations professionnelles et disciplinaires, de négociations et de mutations dont le résultat est loin d'être joué.

Mais si la revendication d'une capacité d'expertise conditionne aussi fortement l'intervention dans le jeu de l'action collective, c'est alors la carte de la passion, de l'engagement et du militantisme qui pourrait se trouver dans le même temps disqualifiée. La montée du répertoire de gestion de la nature pourrait s'accompagner d'un désenchantement collectif à l'égard de la nature, comme le suggère la trajectoire de certains acteurs qui ont abandonné les métiers de la nature parce qu'ils ne correspondaient pas suffisamment à l'image de proximité aux plantes et aux animaux qu'ils s'en faisaient. L'association entre gestion et désenchantement ou perte de sens n'est pas nouvelle : la montée d'un registre gestionnaire est critiquée depuis longtemps dans bien d'autres domaines que celui du rapport à la nature. Sociologues et philosophes des années 1960 ont souvent vu dans la logique gestionnaire et technique un trait marquant des sociétés post-industrielles. Ils ont critiqué la posture gestionnaire en tant qu'elle privilégie un idéal d'action au détriment de la pensée critique et de l'engagement collectif : la logique de *management* viserait à la mise en œuvre d'une capacité à agir (scientifique et technique notamment) au détriment du débat et de la réflexivité ; la rationalité instrumentale et technique prendrait le pas sur la rationalité communicationnelle et politique (Habermas, 1968 ; Marcuse, 1968). Cette analyse est aujourd'hui reprise par des auteurs critiques de l'évolution des conditions de travail et plus largement des formes d'épanouissement de l'individu dans la société actuelle (de Gaulejac, 2005).

S'il ne faut pas nier la pertinence de ce type de regard, la critique de la gestion qu'il implique repose d'abord sur une opposition classique entre un registre de médiation et de dialogue d'une part, et une figure de connaissance spécialisée d'autre part – probablement parce qu'on les rapproche d'une dichotomie entre deux modes théoriques de pensée et d'action comme par exemple dans le schéma habermassien opposant rationalité communicationnelle (mise en débat) et rationalité instrumentale (dans laquelle s'inscrit, selon Jürgen Habermas [1968] l'épistémologie de la science expérimentale contemporaine). Selon cette opposition classique, la montée de la médiation, de la délibération et de la participation ne peut que s'opposer au poids croissant des experts dans les politiques de la nature. Et pourtant, il devient clair aujourd'hui que la participation et la délibération s'adossent aussi à un corpus d'expertise et à des compétences et des outils professionnels bien particuliers : les professionnels et les outils de la participation. Sous cet angle, la montée de la médiation environnementale concourt elle aussi à une forme de « technoécologisation ». Cette forme d'expertise relie en revanche le monde de la gestion de la nature à d'autres mondes sociaux et professionnels où la médiation et les dispositifs participatifs ont également pris une importance croissante (travail social, santé…).

Par ailleurs, la diversité et la richesse des zones frontières de gestion de la nature que l'on a parcourues dans cet ouvrage paraissent interdire toute généralisation systématique quant à l'imposition déterministe d'un registre gestionnaire. Plutôt qu'au triomphe du rouleau compresseur de la gestion, il semble bien que l'on assiste à une multiplicité d'expérimentations collectives où l'affirmation d'un répertoire de gestion experte de la biodiversité ne constitue pas un paradigme systématique mais plutôt un répertoire qui coexiste et échange avec d'autres répertoires, celui des protecteurs « purs », celui des exploitants (agricoles notamment), celui de la production de connaissances académiques… On pourrait ainsi adopter la perspective du sociologue américain Michael Bess dans son ouvrage consacré à l'analyse du mouvement environnemental en France (Bess, 2003) : il décrit la permanence d'une confiance qu'il estime typiquement française dans la technologie, voire de fascination pour celle-ci ; il décrit la manière dont cette quasi-fascination pour la technologie s'articule avec la montée des préoccupations environnementales et constitue au final un modèle typiquement français d'environnementalisme. Mais l'auteur ne dénonce pas là le dévoiement des ambitions initiales de l'environnementalisme. Sans que la société de consommation postindustrielle n'en soit révolutionnée, il y voit la réalisation d'aspirations écologiques singulières.

Politiques de l'écologisation : quelles perspectives ?

On peut se demander si, à l'avenir, la notion de service écosystémique[4] ne sera pas amenée à prendre une place importante, à côté de la notion de biodiversité, dans les standards et les instruments déployés par les institutions qui s'investissent dans la protection de la nature. Les

[4] Ce concept a été popularisé par la parution du *Millennium Ecosystem Assessment* (Évaluation des Écosystèmes pour le Millénaire) en 2005, vaste état des lieux sur l'état des écosystèmes au niveau mondial co-rédigé par plusieurs centaines de chercheurs. Voir : Chevassus-au-Louis, 2009.

services désignent des fonctions, remplies par les organismes vivants, qui ont un intérêt pour les sociétés humaines : régulation du climat, cycle de l'eau, pollinisation des fleurs… Elle s'adosse à la notion de « fonctions » des écosystèmes, qui désigne quant à elle l'ensemble des fonctions remplies par les êtres vivants qui permettent le fonctionnement des écosystèmes (que ces fonctions soient, ou non, utiles à l'homme). L'approche par les services et les fonctions des écosystèmes ouvre la voie à une évaluation des espèces en fonction donc de leur utilité dans le fonctionnement et la stabilité globale des écosystèmes. Il ne s'agit plus en effet de s'intéresser au maintien des espèces en tant que telles mais au maintien des services, et donc des espèces particulières qui y contribuent. Cette approche, qualifiée d'utilitariste et anthropocentrée par ses détracteurs, pose le problème de savoir déterminer quelles espèces rendent un type de services donné, quel rôle joue la redondance de certaines espèces, ou encore quel impact aurait la disparition de certaines espèces apparemment « inutiles » sur le rendu de certains services dans le futur[5]. Pour les critiques de la notion de services, c'est une manière de penser qui entérine la réappropriation des préoccupations environnementales par le système capitaliste et qui se traduit par une économicisation croissante des questions de conservation[6]. Cette critique, encore peu répandue en France mais partagée par une assez large communauté anglo-saxonne de sciences humaines et sociales, dénonce le mouvement de financiarisation de la biosphère qui caractérise l'évolution des politiques de conservation, c'est-à-dire l'idée que les risques d'extinction ou de crise écologique devraient être pris en charge par les marchés financiers afin de les gérer dans une logique notamment économique. Pour les défenseurs de la notion de services, il s'agit là d'un argument de nature à mobiliser enfin la sphère politique et économique à la protection de la nature, puisque celle-ci a directement à voir avec le maintien et le développement des activités humaines, y compris les activités d'exploitation agricole et de développement industriel.

---

5 Un écologue critique les dérives utilitaristes possibles de cette notion de services : Le principal risque que je vois… il y en a… il y en a d'autres, mais… le principal, pour moi, c'est que… si on pousse ça à bout, on peut très bien en arriver à la conclusion que… euh… – des gens l'ont déjà faite d'ailleurs… tirée cette conclusion – c'est que les espèces rares, finalement, on s'en fiche. On ne peut pas les protéger… euh… puisque, ben finalement, elles sont rares. Donc ça veut dire qu'elles n'ont pas beaucoup d'impacts sur le fonctionnement des éco systèmes. Et donc… en fait, ça… ça en revient à se… centrer sur ce qui nous est directement utile, et on oublie complètement l'aspect conservation tel qu'il a été développé jusqu'ici. Et donc on fait un… c'est un retour de balancier complet, quoi.

6 Brockington and Duffy, 2010 ; Igoe, Neves and Brockington, 2011 ; Daccache, 2011a et 2011b ; Daccache, Granjou and Mauz, 2011.

Cette notion de services porte donc avec elle l'utopie d'une société gestionnaire et comptable, où il serait possible de calculer la valeur des unités de biodiversité en termes de services rendus et de les gérer de manière à conserver, sinon l'ensemble des espèces, du moins le potentiel en termes de services. Le principe d'un mécanisme de compensation des infrastructures et des grands aménagements par des actions de conservation censément de valeur équivalente aux pertes induites en termes de services est déjà en cours d'opérationnalisation[7]. À côté et parfois au-delà de la notion de biodiversité, la circulation de la catégorie de « services écosystémiques » pourrait rapidement impliquer un nouveau développement des manières de penser le vivant sauvage, de le connaître et de le gérer. La question reste aujourd'hui ouverte de savoir si les services écosystémiques correspondront à une nouvelle pluralisation des micropolitiques de la nature ou plutôt à une normalisation plus radicale et systématique du rapport à la nature et au vivant sauvage.

[7] C'est le rôle en particulier de CDC-Biodiversité, filiale de la caisse des dépôts et des consignations, créée en 2008.

Bibliographie

Abbott, A., 1988. *The System of Professions. An Essay on the Division of Expert Labor*, Chicago and London, The University of Chicago Press.

Aggeri F. (coordinateur), Branciard A., Genet C., Lanciano C., Le Masson P., Mangematin V., Nohara H., Paradeise C., Peerbaye A., 2006. « Les plates-formes technologiques dans les sciences du vivant : quels effets sur les pratiques de recherche et les formes de couplage science-innovation ? » Rapport final, Mire, novembre 2006.

Agreil C. et Greff N., 2008. *Des troupeaux et des hommes en espaces naturels, une approche dynamique de la gestion pastorale*, Guide technique Conservatoire Rhône-Alpes des Espaces Naturels, Vourles, France.

Akrich, M., 1987. « Comment décrire les objets techniques ? », *Techniques et cultures*, n° 9, p. 49-64.

Alphandéry P., Fortier A., 2001. « Can a territorial policy be based on science alone ? The system for creating the Natura 2000 network in France » in *Sociologia Ruralis*, vol. 41, n° 3, p. 311-328.

Asa, C.S. and Porton, I.J. (eds.), 2005. *Wildlife contraception. Issues, methods, and applications*, Baltimore, Johns Hopkins University Press.

Barbault, R., 1993. « Le point sur le programme national Dynamique de la biodiversité et environnement » in *Lettre du programme environnement* 11, p. 12-23.

Barbault, R., 2006. *Un éléphant dans un jeu de quilles. L'homme dans la biodiversité*, Seuil, Paris.

Barbier, M., 2007. « Surveiller pour abattre. La mise en dispositif de la surveillance épidémiologique et de la police sanitaire de l'ESB » in *Terrains et travaux*, n° 11, p. 101-121.

Barbier, R. et Trepos, J.-Y., 2007. « Humains et non-humains : un bilan d'étape de la sociologie des collectifs » in *Revue d'anthropologie des connaissances*, vol. 1, n° 1, p. 35-58.

Barthe, Y., 2002. « Rendre discutable. Le traitement politique d'un héritage technologique » in *Politix*, n° 57, p. 57-78.

Barthe, Y., 2006. *Le pouvoir d'indécision. La mise en politique des déchets nucléaires*, Paris, Economica.

Barthe Y. et Gilbert, C., 2005. « Impuretés et compromis de l'expertise, une difficile reconnaissance. À propos des risques collectifs et des situations d'incertitude » in Dumoulin, L., La Branche, S., Robert, C. et Warin, Ph. (dir.), *Le Recours aux experts. Raisons et usages politiques*, Grenoble, Presses Universitaires de Grenoble, p. 43-62.

Benamouzig D. et Besançon, O., 2005. « Administrer un monde incertain : les nouvelles bureaucraties techniques. Le cas des agences sanitaires en France » in *Sociologie du Travail*, 47, p. 301-322.

Béranger, C. et Bonnemaire, J., 2008. *Prairies, herbivores territoires : quels enjeux ?*, Paris, Édition Quae.

Bess, M., 2003. *The light-green society. Ecology and technological modernity in France, 1960-2000*, Chicago, University of Chicago Press.

Blandin, P., 2009. *De la protection de la nature au pilotage de la biodiversité*, Paris, Éditions Quae.

Blatrix, C., 2002. « Devoir débattre. Les effets de l'institutionnalisation de la participation sur les formes de l'action collective » in *Politix*, n° 15, p. 79-102.

Blondiaux, L. et Sintomer, Y., 2002. « L'impératif délibératif » in *Politix*, n° 15, p. 17-35.

Bobbé, S., 2004. « Gestions faunistiques, cultures des sauvages et brouillage des catégories » in *Communications*, n° 76, p. 203-220.

Bocking, S., 2004. *Nature's experts. Science, politics and the environment*, Rutgers University Press.

Bonneuil, C., 2006. « Cultures épistémiques et engagement des chercheurs dans la controverse OGM » in *Natures Sciences Société*, vol. 14, n° 3, p. 257-268.

Bouleau G., 2006. « Le débat sur la qualité de l'eau. Comment des données peuvent devenir des indicateurs ? » in *Ingénieries*, 47, p. 29-35.

Bouleau, G., 2007. *La gestion française des rivières et ses indicateurs à l'épreuve de la directive cadre*, Thèse de doctorat en Sciences de l'environnement, Paris, AgroParisTech.

Bowker, G.C., 2000. « Biodiversity Datadiversity » in *Social studies of science*, vol. 30, p. 643-683.

Bowker, G.C. and Star, S.L., 1999. *Sortings things out. Classification and its consequences*, Cambridge, London, The MIT Press.

Brockington, D. and Duffy, R., 2010. « Capitalism and Conservation » in *Antipode*, vol. 42, n° 3, p. 469-484.

Bulkeley, H., 2005. « Reconfiguring environmental governance : towards a politics of scales and networks » in *Political Geography*, vol. 24, n° 8, p. 875-902.

Callon, M., 1986. « Éléments pour une sociologie de la traduction. La domestication des coquilles Saint-Jacques et des marins-pêcheurs dans la baie de Saint-Brieuc » in *L'Année sociologique*, vol. 36, p. 169-208.

Callon, M., Lascoumes, P. et Barthe, Y., 2001. *Agir dans un monde incertain. Essai sur la démocratie technique*, Paris, le Seuil.

Carruthers, J., Robin, L., Hattingh, J.P., Kull, C.A., Rangan, H. and van Wilgen, B.V., 2011. A native at home and abroad : the history, politics, ethics and aesthetics of acacias, *Diversity and Distributions*, 17, p. 810-821.

Chapron, G., Legendre, S., Ferrière, R., Clobert, J., Haight, R.G., 2003. « Conservation and control strategies for the wolf (*Canis lupus*) in western Europe based on demographic models » in *C.R. Biologies*, 326, p. 575-587.

Charvolin F., Micoud A. et Nyhart L.N., 2007. *Des* sciences *citoyennes ? La question de l'amateur dans les* sciences *naturalistes*, Paris, Éditions de l'Aube.

Chateauraynaud, F. et Torny, D., 1999. *Les sombres précurseurs : une sociologie pragmatique de l'alerte et du risque*, Paris, Éditions de l'EHESS.

Chevassus-au-Louis, B. (groupe de travail), 2009. « Approche économique de la biodiversité et des services liés aux écosystèmes », Rapport du Centre d'Analyse Stratégique.

Collins, H. and Evans, R., 2002. « The third wave of Science Studies : Studies of Expertise and Experience » in *Social Studies of Science*, vol. 32, n° 2, p. 235-296.

Cussins, C.M., 1997. « Des éléphants dans le magasin de la science » in *La Recherche*, n° 303, p. 53-56.

Daccache, M., 2011a. « La biodiversité, un lieu commun ? Dynamique identitaire d'un collectif de recherche en recomposition » in *Terrains et Travaux*, n° 18, p. 41-59.

Daccache, M., 2011b. « La rationalisation économique du rapport à la biodiversité. Éléments d'ethnographie » in *Quaderni*, n° 76, p. 53-65.

Daccache, M., Granjou C. and Mauz I., 2011. « Governing by the Market », communication to Nature™ Inc ? Questioning the Market Panacea in Environmental Policy and Conservation, International Conference, 30 June-2 July 2011, ISS, The Haye, The Netherlands.

Debarbieux, B. and Price, M., 2011. « Framing region, scaling mountains : spatial and regional issues in Environmental Governance in Europe », forthcoming.

De Gaulejac, V., 2005. *La société malade de la gestion : Idéologie gestionnaire, pouvoir managérial et harcèlement social*, Paris, Seuil.

Degeorges P. et Latour B., « Pour en finir avec l'idée de nature : parlons biodiversité », intervention à la conférence française pour la biodiversité « Quelle gouvernance pour réussir ensemble ? », Chamonix, 10-12 mai 2010.

Delay, B., Billaud, J.-P. *et al.*, 2007. « Bernard Delay, au cœur d'un événement majeur : la création du département Environnement et Développement durable au Cnrs » in *Natures, Sciences, Sociétés*, vol. 15, p. 291-301.

Deleuze, G., 1990. « Post-scriptum sur les sociétés de contrôle » in *L'autre journal*, n° 1.

De Planhol, X., 2004. *Le paysage animal. L'homme et la grande faune : une zoogéographie historique*, Paris, Fayard.

Descola, Ph., 2005, *Par-delà Nature et Culture*, Paris, La Découverte.

Descola, Ph., 2010. *Diversité des natures, diversité des cultures*, Paris, Bayard.

Desrosières, A., 1993. *La politique des grands nombres. Histoire de la raison statistique*, Paris, La Découverte.

Didier, E., 2002. « Sampling and Democracy : Representativeness in the First United States Surveys » in *Science in Context*, vol. 15, n° 3, p. 427-445.

Divay, S. et Orianne, J.-F., 2010. « L'essor des métiers du conseil : dynamiques et tensions » in *SociologieS* [en ligne], Dossier L'essor des métiers du conseil : dynamiques et tensions, URL : http://sociologies.revues.org/index3043.html.

Doré A., 2011. *Des loups dans la cité. Éléments d'écologie pragmatiste*, Thèse de doctorat de sociologie, IEP Paris – SEED Arlon, Université de Liège.

Drouin, J.-M., 1991. *Réinventer la nature.* Paris, Desclée de Brouwer.

Edwards, P.N., 2001. « Representing the global atmosphere : computer models, data, and knowledge about climate change » in Miller C. and Edwards, P. (eds.), *Changing the atmosphere. Expert knowledge and environmental governance*. MIT Press, Cambridge (Massachusetts), London (England), p. 31-66.

Ellis, R. and Waterton, C., 2004. « Environmental citizenship in the making : the participation of volunteer naturalists in UK biological recording and biodiversity policy » in *Science and public policy*, 31, p. 95-105.

Fischer, F., 2000. *Citizens, Experts, and the Environment : The Politics of Local Knowledge*, Durham and London, Duke University Press.

Foucault, M., 1976. *Histoire de la sexualité. Tome 1 : la volonté de savoir*, Paris, Gallimard.

Fox, D., 2007. « Wildlife contraception » in *Conservation biology*, vol. 8, n° 4.

Fujimura, J.H., 1987. « Constructing "do-able" problems in cancer research : articulating alignment » in *Social Studies of Science*, vol. 17, n° 2, p. 257-293.

Galison P., 1996 « Computer simulations and the trading zone » in *The disunity of Science : Boundaries, Contexts, and Power*, Galison P. and Strump D.J. (eds.), Stanford, Stanford University Press, p. 118-157,.

Garrott, R.A., White, P.J. and Vanderbildt White, C.A., 1993. « Overabundance : an issue for conservation biologists ? » in *Conservation biology*, vol. 7, p. 946-949.

Gauthier, D., Gibert, P. and Hars, J., 1991. « Sanitary consequences of mountain Cattle breeding on wild Ungulates » in Spitz F., Janeau G., Gonzles G., Aulagnier S. (eds.), Proc. Symposium Ungulates 1991, Toulouse. SFEPM-IRGM, Paris, p. 621-630.

Génot, J.-C., 2003. *Quelle éthique pour la nature ?*, Aix-en-Provence, Édisud.

Gieryn Th.F., 1983. « Boundary-work and the demarcation of science from non-science : strains and interests in professional ideologies of scientists » in *American sociological review* 48, p. 781-795.

Granjou, C., 2011, « Integrating agriculture and biodiversity management : between green legitimisation and knowledge production » in *Sociologia Ruralis*, vol. 51, n° 3, p. 272-283.

Granjou C. et Barbier M., 2010. *Métamorphoses de l'expertise. Précaution et maladies à prions*, Paris, Éditions Quae.

Granjou, C. et Mauz, I., 2012. « Des espaces frontières d'expérimentation entre protection de la nature et pastoralisme » in *Natures, Sciences, Sociétés*, vol. 20, n° 3, p. 310-317.

Granjou C. et Mauz, I., 2011. « L'équipement de territoires de production et d'échange de données en écologie. L'exemple de la constitution de la Zone Atelier Alpes » in *Revue d'anthropologie des connaissances*, vol. 5, n° 2 dossier « ressources biologiques », p. 287-301.

Granjou, C. et Mauz, I., 2009a. « Quand l'identité de l'objet-frontière se construit chemin faisant : Le cas de l'estimation de l'effectif de la population de loups en France » in *Revue d'anthropologie des connaissances*, dossier : retours sur la notion d'« objet-frontière », vol. 3, n° 1, p. 29-49.

Granjou C. et Mauz, I., 2009b. « Dispositifs de suivi et de gestion de la faune sauvage. Quand les animaux échappent à leurs traceurs » in *Comment les acteurs s'arrangent avec l'incertitude*, Vinck, D., Gilbert C. et Chalas Y. (eds.), Éditions des archives contemporaines, p. 117-134.

Granjou C. et Mauz, I., 2007. « Un "impératif scientifique" pour l'action publique ? Analyse d'une compétition pour l'expertise environnementale » in Socio-logos, n° 2 (revue de l'Association Française de Sociologie en ligne). Article consultable : http://socio-logos.revues.org/document893.html.

Granjou, C., Mauz, I. et Cosson, A., 2010a. « Le recours aux savoirs dans l'action publique environnementale : un foisonnement expérimental » in *Sciences de la société*, n° 79, p. 115-129.

Granjou, C., Mauz, I. et Cosson, A., 2010b. « Les travailleurs de la nature. Une professionnalisation en tension » in *SociologieS*, consultable : http://sociologies.revues.org/index3296.html.

Granjou C., Mauz, I. et Daccache, M., 2013. « Les conditions de l'articulation entre recherche et expertise. Le cas des recherches sur la biodiversité » in *Revue d'anthropologie des connaissances*, vol. 7, n° 1, p. 67-86.

Granjou, C. et Valceschini, E., 2005. « L'extension de la traçabilité dans le secteur agro-alimentaire » in *Terrains et Travaux*, n° 9, p. 73-89.

Griesemer, J.R., 1992. « The Role of Instruments in the Generative Analysis of Science » in Clarke, A.E. and Fujimura J. (eds.), The Right Tools for the Job. At Work in Twentieth-Century Life Sciences, Princeton, Princeton University Press, p. 47-76.

Guston D.H., 2001. « Boundary organizations in environmental policy and science : an introduction » in *Science, Technology and Human Values*, vol. 26, n° 4, p. 399-408.

Haberl, H., Winiwarter, V., Andersson, K., Ayres, R.U., Boone, C., Castillo, A., Cunfer, G., Fischer-Kowalski, M., Freudenburg, W.R., Furman, E., Kaufmann, R., Krausmann, F., Langthaler, E., Lotze-Campen, H., Mirtl, M., Redman, C.L., Reenberg, A., Wardell, A., Warr, B. and Zechmeister, H., 2006. From LTER to LTSER : conceptualizing the socio-economid dimension of long-term socioecological research.

Habermas, J., 1968. *La Technique et la Science comme « idéologie »*, Paris, Gallimard.

Heaton, L., Millerand, F., Crespel E. et Proulx S., 2011. « La réactualisation de la contribution des amateurs à la botanique. Le collectif en ligne *Tela Botanica* » in *Terrains et Travaux*, n° 18, p. 155-174.

Henke, C.R., 2000. « Making a Place for Science : The Field Trial » in *Social Studies of Science*, vol. 30, n° 4, p. 483-511.

Hermitte, M.-A., 1997. L'expertise scientifique à finalité politique, réflexions sur l'organisation et la responsabilité des experts, in *Justices*, vol. 8.

Hervieu, B., 2005. *L'archipel paysan. La fin de la République agricole*, Paris, Éditions de l'Aube.

Hessels L.K., Van Lente H. and Smits, R., 2009. « In search of relevance : the changing contract between science and society » in *Science and public policy*, vol. 36, n° 5, p. 387-401.

Hine, C., 2006. « Databases as scientific instruments and their role in the ordering of scientific work » in *Social Studies of Science*, vol. 36, p. 269-298.

Hubert M. (2009). *Les plateformes pour la recherche en nanotechnologie. Politiques scientifiques et pratiques de laboratoire à l'épreuve de l'organisation du travail expérimental*, Thèse pour le doctorat en sociologie industrielle, Université Pierre Mendès-France, Grenoble.

Igoe, J., Neves, K. and Brockington, D., 2011. « A spectacular eco-tour around the historic bloc : theorising the convergence of biodiversity conservation and capitalist expansion » in *Antipode*, vol. 42, n° 3, p. 486-512.

Jasanoff S., 1990. *The fifth branch : science advisers as policymakers*, Harvard, Harvard university press.

Jeannot, G., 2005. « Les métiers flous du développement rural » in *Sociologie du travail*, n° 47, p. 1-19.

Jeantet A., Tiger, H., Vinck, D. et Tichkiewitch, S., 1996. « La coordination par les objets dans les équipes intégrées de conception de produits » in de Terssac, G. et Friedberg E., *Coopération et conception*, Toulouse, Octarès, p. 87-100.

Jollivet, M., 2004. « L'institut français de la biodiversité » in *Natures Sciences Sociétés*, n° 12, p. 213-215.

Joly, P.-B., 1999. « Besoin d'expertise et quête d'une légitimité nouvelle : quelles procédures pour réguler l'expertise scientifique ? » in *Revue française des affaires sociales*, n° 1, p. 45-52.

Joly, P.-B., Marris, C. et Hermitte, M.-A., 2003. « À la recherche d'une "démocratie technique". Enseignements de la conférence citoyenne sur les OGM en France » in *Natures, Sciences et Sociétés*, vol. 11, n° 1, p. 3-15.

Junqing Y., 2009. « À propos de la philosophie micropolitique » in *Diogène* 2008/1, n° 221, p. 58-72.

Keck, F., 2009. « Conflits d'experts. Les zoonoses, entre santé animale et santé humaine » in *Ethnologie française*, vol. 39, p. 79-88.

Kessler, M.-C., 1999. « Pourquoi n'y a-t-il pas de corps de l'environnement ? » in Lascoumes, P. (dir.), *Instituer l'environnement. Vingt-cinq ans d'administration de l'environnement*, Paris, L'Harmattan, p. 71-84.

Kleinman, D.L. and Vallas, S.P., 2001. « Science, capitalism and the rise of the "knowledge worker" : the changing structure of knowledge production in the United States » in *Theory and Society*, vol. 30, n° 4, p. 451-492.

Kohler, R., 2002. *Landscapes and labscapes : exploring the lab-field border in biology*, Chicago, IL, University of Chicago Press.

Kohler, R., 2006. *All creatures. Naturalists, collectors, and biodiversity, 1850-1950*, Princeton, Oxford, Princeton University Press.

Kwa, C., 2005. « Local ecologies and global science : discourses and strategies of the International Geosphere-Biosphere Programme » in *Social Studies of Science*, vol. 35, n° 6, p. 923-950.

Kwa, C., 2010. *Styles of knowing. A new history of science from ancient times to the present*, Pittsburgh, PA, University of Pittsburgh Press.

Larigauderie, A. and Mooney, H.A., 2010. « The intergovernmental science-policy platform on biodiversity and ecosystem services : moving a step closer to an IPCC-like mechanism for biodiversity » in *Curr Opin Environ Sustain*, vol. 1, n° 2, p. 9-14.

Larrère, R., 1994. « Sauvagement artificiel » in *Courrier de l'Environnement de l'Inra*, n° 21, p. 35-37.

Larrère, C. et Larrère, R., 1997. *Du bon usage de la nature. Pour une philosophie de l'environnement*, Paris, Aubier.

Lascoumes, Pierre, 1994. *L'éco-pouvoir. Environnements et politiques.* Paris, La Découverte.

Lascoumes, P., 1999. « Productivité des controverses et renouveau de l'expertise » in *Les Cahiers de la sécurité intérieure*, 38, p. 75-95.

Lascoumes, P. et Le Bourhis, J.-P., 1997. *L'environnement ou l'administration des possibles. La création des Directions régionales de l'environnement*, Paris, L'Harmattan.

Lascoumes, P. et le Bourhis J-P., 1998. « Le bien commun comme construit territorial. Identités d'action et procédures » in *Politix*, n° 42, p. 37-92.

Lascoumes, P., Callon M. et Barthe, Y., 1997. « Information, consultation, expérimentation : les activités et les formes d'organisation au sein des forums hybrides » in Gilbert C. et Bourdeaux I. (dir.), *Actes de la 8e séance du séminaire du programme risques collectifs et situations de crise*, Grenoble, MSH Alpes.

Latour, B., 1984. *Les microbes : guerre et paix*, suivi de *Irréductions*, Paris, A.-M. Métailié.

Latour, B., 1985. « Les "vues" de l'esprit. Une introduction à l'anthropologie des sciences et des techniques » in *Culture technique*, vol. 14, p. 5-29.

Latour, B., 1994. « Une sociologie sans objet ? Note théorique sur l'interobjectivité » in *Sociologie du travail*, vol. 36, n° 4, p. 587-607.

Latour, B., 1995. « Moderniser ou écologiser ? À la recherche de la septième cité » in *Écologie politique*, vol. 13, p. 5-27.

Latour, B., 1999. *Politiques de la Nature. Comment faire entrer les sciences en démocratie*, Paris, La Découverte.

Lawrence, A., 2006. « No personal motive ? Volunteers, biodiversity, and the false dichotomies of participation » in *Ethics, place and environment*, n° 9, p. 279-298.

Lawrence, A. and Turnhout E., 2010. « Personal meaning in the public sphere ; The standardisation and rationalisation ob biodiversity data in the UK and the Netherlands » in *Journal of Rural Studies*, n° 26, p. 353-360.

Le Maho, Y. et Bouchet, Ph., 2011. Mission de réflexion sur l'organisation française en matière d'expertise sur la biodiversité, rapport pour le ministère de l'Écologie, de l'Énergie, du Développement durable et de la Mer.

Lévêque C. et A. Pavé, 2000. « Les zones-ateliers, des dispositifs pour la recherche sur l'environnement et les anthroposystèmes » in *Natures, Sciences, Sociétés*, vol. 8, n° 4, p. 43-52.

Levrel, H., 2007. Quels indicateurs pour la gestion de la biodiversité ?, in *Les cahiers de l'Institut Français de la Biodiversité*, octobre 2007.

Linnell J.D.C., Odden J., Pedersen V. and Andersen R., 1998. « Records of intra-guild predation by Eurasian lynx *Lynx lynx* » in *The Canadian Field-Naturalist*, n° 112, p. 707-708.

Loreau, M., 2010. *The challenges of biodiversity science*. (O. Kinne : ed.). International Ecology institute, Germany. Excellence in ecology, n° 17.

Lorimer, J., 2008. « Counting corncrakes : the affective science of the UK corncrake census » in *Social studies of science*, vol. 38, n° 3, p. 377-405.

Louvel, S., 2011. *Des patrons aux managers. Les laboratoires de la recherche publique depuis les années 1979*, Rennes, Presses Universitaires de Rennes.

Löwy, I., 2001. « Entre contre-expertise et consommation avertie : le mouvement associatif anti-sida et les essais thérapeutiques », *Mouvements*, n° 7, p. 32-38.

Mangematin V. et Peerbaye A., 2004. « Les grands équipements en science de la vie : quelle politique publique ? » in *Revue française d'administration publique*, n° 112, p. 705-718.

Marcus, G.E., 1995. « Ethnography in/ of the World system : the emergence of multi-sited ethnography » in *Annual Review of anthropology*, vol. 24, p. 95-117.

Marcuse, H., 1968. *L'Homme unidimensionnel : Essai sur l'idéologie de la société industrielle avancée*, Paris, Minuit (édition originale : 1964).

Marvin, G., 2003. « A passionate pursuit : foxhunting as performance » in Szerszynski, B., Heim W. and Waterton C. (eds.), *Nature performed*, London, Blackwell, p. 46-60.

Mauz, I., 2003. *Histoire et mémoires du parc national de la Vanoise. 1921-1971 : La construction*, Grenoble, Revue de Géographie alpine.

Mauz, I., 2005. *Gens, cornes et crocs*, Paris, Éditions de l'Inra.

Mauz, I. and Granjou, C., 2013. « The rise of biodiversity modeling and the re-valuation of naturalist data. Insights from a case study in France » in *Science as Culture*, vol. 22, n° 1.

Mauz, I. et Granjou, C., 2010. « Biodiversité et technicisation du suivi des animaux sauvages » in J.-M. Moriceau et Madeline, Ph. (dir.), *repenser le sauvage grâce au retour du loup. Les sciences humaines interpellées*, Bibliothèque du pôle rural, n° 2, Presses Universitaires de Caen, p. 159-170.

Mauz, I. et Granjou, C., 2008, « Une expérimentation contestée de contraception de marmottes » in *Natures Sciences Sociétés*, vol. 3, vol. 16, n° 3, p. 232-240, 2008.

Mégie G., 2003. « Recherche sur le changement climatique, interdisciplinarité et stratégie du Cnrs » Bulletin de l'association des anciens et amis du Cnrs, n° 33.

Mermet, L., 2005. « L'analyse stratégique de la gestion environnementale : un cadre théorique pour penser l'efficacité en matière d'environnement » in *Natures, Sciences, Sociétés*, vol. 13, p. 127-137.

Merveilleux du Vignaux, P., 2003. *L'aventure des Parcs nationaux, la création des Parcs nationaux français, fragments d'histoire*, Montpellier, Édition de L'Atelier technique des espaces naturels.

Meuret, M., 2005. Piloter la motivation alimentaire des herbivores sur milieux diversifiés. Pour une éco-zootechnie des pratiques de pâturage, Mémoire pour l'Habilitation à diriger des recherches.

Meuret, M., Débit, S., Agreil, C. et Osty, P.-L., 2006. « Éduquer ses veaux et génisses : un savoir empirique pertinent pour l'agro-environnement en montagne ? » in *Natures Sciences Sociétés*, vol. 14, p. 343-352.

Micoud, A., 1993. « Vers un nouvel animal sauvage : le sauvage "naturalisé vivant" ? », *Natures Sciences Sociétés*, vol. 1, n° 3, p. 202-210.

Micoud A., 2005. « La biodiversité est-elle encore naturelle ? » in *Écologie et politique*, n° 30, p. 17-25.

Miéville-Ott, V., 2001. « De l'ordre et de l'entretien. Les représentations paysannes de la nature et du paysage » in Y. et Miéville-Ott V. (dir.), *On achève bien les paysans*, Droz, Genève, édition Georg, p. 59-101.

Miller, C.A. and Edwards, P.N., 2001. *Changing the atmosphere. Expert knowledge and environmental governance*, MIT, Cambridge, Massachusetts London, England.

Mol, A.M., 2002. *The body multiple : ontology in medical practice*, Durham, London, Duke University Press.

Mougenot, 2003, *Prendre soin de la nature ordinaire*, Paris, Éditions de la MSH/ Inra.

Mounet, C., 2007. *Les territoires de l'imprévisible. Conflits, controverses et « vivre ensemble » autour de la gestion de la faune sauvage. Le cas du loup et du sanglier dans les Alpes françaises,* Thèse de géographie, Grenoble, Université Joseph Fourier.

Mounet, C., Mauz, I. et Granjou, C., 2010. « Hommes et animaux sauvages : la distance comme performance. Une lecture du programme proies prédateurs en cours dans les Alpes françaises », communication au colloque « Ce que nous savons des animaux », Cerisy, 2-9 juillet 2010.

Mullins, NC., 1972. « The development of a scientific specialty : The phage group and the origins of molecular biology » in *Minerva*, vol. 10, n° 1, p. 51-82.

Nay, O. et Smith, A. (dir.), 2002. *Le gouvernement du compromis. Courtiers et généralistes dans l'action politique*, Paris, Economica.

Nowotny, H., Scott, P. and Gibbons, M., 2001. *Rethinking Science*, Cambridge, Polity Press.

Ollitrault, S., 2001. « Les écologistes français, des experts en action » in *Revue française de science politique*, vol. 51, n° 1-2, p. 105-130.

Ollitrault, S., 2008. *Militer pour la planète. Sociologie des écologistes*, Rennes, Presses Universitaires de Rennes.

Parizeau, M.-H., 2006. « Crise de l'environnement, crise de la modernité » in Thiaw-Po-Une, L. (dir.), *Questions d'éthique contemporaine*, Paris, Stock, p. 1075-1096.

Peltola, T. and Kauppila, J., 2009. « Science and disputed rural spaces : Knowing how to live with large carnivores », communication to NESS conference, London.

Perrings, Ch., Duraiapaah, A., Larigauderie A. and Mooney, H., 2011. « The biodiversity and ecosystem services science-policy interface » in *Science*, vol. 331, p. 1139-1140.

Pestre, D., 1995. « Pour une histoire sociale et culturelle des sciences : nouvelles définitions, nouveaux objets, nouvelles pratiques » in *Annales HSS*, n° 3, p. 487-522.

Pestre, D., 2003. « Regimes of knowledge production in society : towards a more political and social reading » in *Minerva*, n° 41, p. 245-261.

Pinton, F., 2001. « Conservation of biodiversity as a European directive : the challenge for France » in *Sociologia Ruralis*, vol. 41, n° 3, p. 329-342.

Pinton, F., Alphandéry, P., Billaud J-P., Deverre, C. et Fortier, A., 2007. *La construction du réseau Natura 2000 en France*. La Documentation française.

Piotet, F. (dir.), 2002. *La révolution des métiers*, Paris, PUF.

Porter, T.-M., 1995. *Trust in numbers. The pursuit of objectivity in science and public life*, Princeton, Princeton University Press.

Raffin, J-P., 2005. « De la protection de la nature à la gouvernance de la biodiversité » in *Écologie & politique*, n° 30, p. 97-109.

Rémy E., 1995. « L'élaboration d'un savoir naturaliste. Approche anthropologique d'un atlas » in *Études rurales*, 137, p. 55-72.

Rémy J., 1995. « Le manant, le savant et l'esthète : identités professionnelles et mesures agri-environnementales » in *Natures, Sciences, Sociétés*, vol. 3, n° 3, p. 252-257.

Restier-Melleray C., 1990. « Experts et expertise : le cas de la France » in *Revue française de science politique*, vol. 40, n° 4, p. 540-585.

Rivasi, M., 1992. « Expertise et contre-pouvoir » in J. Theys et B. Kalaora (dir.), *La Terre outragée. Les experts sont formels*, Paris, Autrement.

Roqueplo, P., 1997. Entre savoir et décision, l'expertise scientifique, Paris, Éditions de l'Inra.

Rosa, H., 2010 (2005). *Accélération. Une critique sociale du temps*, Paris, La Découverte.

Roy A., 2001. *Les experts face au risque. Le cas des plantes transgéniques*, Paris, PUF.

Salles, D., 2006. *Les défis de l'environnement : Démocratie et efficacité*, Paris, Syllepse.

Schnitzler, A., Genot, J.-C. et Wintz, M., 2008. « Espaces protégés : de la gestion conservatoire vers la non-intervention » in *Le Courrier de l'Environnement de l'INRA*, décembre 2008, n° 56, p. 29-44.

Selmi, A. et Hirtzel, V., 2007. « Introduction. Parquer la nature » in Selmi A. et Hirtzel V. (dir.), *Gouverner la nature*, Cahiers d'anthropologie sociale, n° 3, Éditions de l'Herne.

Selmi, A., 2006. *Administrer la nature. Le parc national de la Vanoise*, Paris, éditions de la MSH / Quae.

Shapin, S., 1989. « The Invisible Technician » in *American Scientist*, n° 77, p. 554-563.

Simoulin, V., 2012. *Sociologie d'un grand équipement scientifique. Le premier synchrotron de troisième génération*, Paris, ENS éditions.

Star, S.L. and Griesemer, J.R., 1989. « Institutional ecology "translations" and boundary objects : amateurs and professionals in Berkeley's Museum of vertebrate zoology, 1907-39 » in *Social Studies of Science*, vol. 19, n° 3, p. 387-420.

Strasser, B.J., 2011. « Data-driven sciences : from wonder cabinets to electronic databases » in *Studies in History and Philosophy of Biological and Biomedical Sciences*, n° 43, p. 85-87.

Strauss A., 1992. *La trame de la négociation. Sociologie qualitative et interactionniste*, Paris, L'Harmattan.

Szerszynski, B., Lash, S. and Wynne, B., 1996. *Risk, Environment and democracy*, London, Sage Publications.

Taberlet, P., Waits, L.P. and Luikart, G., 1999. « Noninvasive genetic sampling : look before you leap » in *Trends in Ecology and Evolution*, vol. 14, p. 323-327.

Takacs D., 1996. *The idea of biodiversity. Philosophies of paradise*, Baltimore, Maryland, John Hopkins University Press.

Tancoigne, E., 2011. *Évaluer la santé de la taxonomie zoologique : histoire, méthodes et enjeux contemporains*, Thèse de doctorat, Paris, Muséum national d'histoire naturelle.

Tassin, J. et Kull, C.A., 2012. « Pour une autre représentation métaphorique des invasions biologiques », *Natures, Sciences, Sociétés*, vol. 20, p. 1-11.

Tetart, G. et Torny D., 2009. « "Ça tue parfois mais ça n'est pas dangereux", Injonction institutionnelle et mobilisation scientifique autour d'un pathogène émergent, bacillus cereus » in *Revue d'anthropologie des connaissances*, vol. 3, n° 1, p. 73-102.

Thévenot, L., 1993. « Essai sur les objets usuels. Propriétés, fonctions, usages » in *Raisons pratiques*, n° 4 (numéro spécial « Les objets dans l'action »), p. 85-111.

Torny, D., 1997. « Surveiller et contenir. Maladies à prions et politiques de la vigilance » in *Revue française des affaires sociales*, vol. 51, n° 3-4, p. 221-231.

Torny, D., 1998. « La traçabilité comme technique de gouvernement des hommes et des choses » in *Politix*, n° 44, p. 51-75.

Tournay, V., 2009. *Vie et mort des agencements sociaux. De l'origine des institutions*. Paris, Presses Universitaires de France.

Traweek S., 1988. *Beamtimes and lifetimes. The world of high energy physicists*, Cambridge, London, Harvard University press.

Trepos, J.-Y., 1996. *Sociologie de l'expertise*, Paris, PUF.

Valière, N., 2002. *Étude de l'expansion du loup en France : apport des méthodes non invasives et des marqueurs moléculaires*, Lyon, Thèse de doctorat, Université Lyon 1.

Van der Hove S., 2001. *Approches participatives pour les problèmes d'environnement. Caractérisations, justifications et illustrations par le cas du changement climatique*, Thèse de doctorat, Université de Versailles-St Quentin en Yvelines.

Vinck, D., 1999a. « Les objets intermédiaires dans les réseaux de coopération scientifique. Contribution à la prise en compte des objets dans les dynamiques sociales » in *Revue française de sociologie*, vol. XI, p. 385-414.

Vinck, D., 1999b. *Ingénieurs au quotidien. Ethnographie de l'activité de conception et d'innovation.* Grenoble, Presses Universitaires de Grenoble.

Vinck D., 2006. « L'équipement du chercheur : comme si la technique était déterminante » in *Ethnographiques.org* 9. http://www.ethnographiques.org/2006/ (20 août 2009).

Vinck D., 2009. « De l'objet intermédiaire à l'objet-frontière. Vers la prise en compte du travail d'équipement » in *Revue d'anthropologie des connaissances*, vol. 3, n° 1, p. 51-72.

Vinck D., 2011. « Taking intermediary objects and equipping work into account in the study of engineering pratices » in *Engineering studies*, vol. 3, n° 1, p. 25-44.

Warner, K.D., 2007. *Agroecology in action. Extending alternative agriculture through social networks*, Cambridge-Massachusetts, London-England.

Waterton, C., 2002. « From Field to Fantasy : Classifying Nature, Constructing Europe » in *Social studies of science*, vol. 32, p. 177-204.

Watson, T.B., 2005. « Turning science into policy : challenges and experiences from the science-policy interface » in *Phil. Trans. Soc. B*, n° 360, p. 471-477.

ÉcoPolis

La collection ÉcoPolis est dédiée à l'analyse des changements qui se produisent simultanément dans la société et dans l'environnement quand celui-ci devient une préoccupation centrale.

L'environnement a longtemps été défini comme l'extérieur de la société, comme ce monde de la nature et des écosystèmes qui sert de soubassement matériel à la vie sociale. Les politiques d'environnement avaient alors pour but de « préserver », « protéger », voire « gérer » ce qui était pensé comme une sorte d'infrastructure de nos sociétés. Après quelques décennies de politique d'environnement, la nature et l'environnement sont devenus des objets de l'action publique et il apparaît que c'est dans un même mouvement que chaque société modèle son environnement et se construit elle-même. Cette dialectique sera au centre de la collection.

Directeur de collection : Marc MORMONT,
Professeur à la Fondation universitaire luxembourgeoise
(Université de Liège, Belgique)

Dans la collection

N° 20 – Céline GRANJOU, *Micropolitiques de la biodiversité. Experts et professionnels de la nature*, 2013, 202 pages.

N° 19 – Corinne LARRUE (dir.), *Le régime institutionnel d'une nouvelle ruralité. Analyses à partir des cas de la France, des Pays-Bas et de la Suisse*, 2013, 214 pages.

N° 18 – François BERTRAND et Laurence ROCHER (dir.), *Les territoires face aux changements climatiques. Une première génération d'initiatives locales*, 2013, 269 pages.

N° 17 – Véronique ANCEY, Isabelle AVELANGE, Benoît DEDIEU (dir.), *Agir en situation d'incertitude en agriculture. Regards pluridisciplinaires au Nord et au Sud*, 2013, 419 pages.

N° 16 – N° 16 – Cécilia CLAEYS and Marie JACQUÉ (eds.), *Environmental Democracy Facing Uncertainty*, 2012, 185 pages.

N° 15 – Josiane STOESSEL-RITZ, Maurice BLANC, Nicole MATHIEU (dir.), *Développement durable, communautés et sociétés. Dynamiques socio-anthropologiques*, 2012, 230 pages.

N° 14 – Philippe HAMMAN, Christine BLANC et Cécile FRANK, *La négociation dans les projets urbains de tramway. Éléments pour une sociologie de la « ville durable »*, 2011, 246 pages.

N° 13 – Denise VAN DAM, Michel STREITH et Jean NIZET (dir.), *L'agriculture bio en devenir. Le cas alsacien*, 2011, 140 pages.

N° 12 – Philippe HAMMAN et Jean-Yves CAUSER (dir.), *Ville, environnement et transactions démocratiques. Hommage au Professeur Maurice Blanc*, 2011, 291 pages.

N° 11 – Géraldine FROGER (dir.), *Tourisme durable dans les Suds ?*, 2010, 316 pages.

N° 10 – Muriel MAILLEFERT, Olivier PETIT et Sandrine ROUSSEAU (dir.), *Ressources, patrimoine, territoires et développement durable*, 2010, 283 pages.

N° 9 – Philippe HAMMAN et Christine BLANC, *Sociologie du développement durable urbain. Projets et stratégies métropolitaines françaises*, 2009, 260 pages.

N° 8 – François MÉLARD (dir.), *Écologisation. Objets et concepts intermédiaires*, 2008, 214 pages.

N° 7 – David AUBIN, *L'eau en partage. L'activation des règles dans les rivalités d'usages en Belgique et en Suisse*, 2007, 247 pages.

N° 6 – Géraldine FROGER (dir.), *La mondialisation contre le développement durable ?*, 2006, 315 pages.

N° 5 – Laurent MERMET (dir.), *Étudier des écologies futures. Un chantier ouvert pour les recherches prospectives environnementales*, 2005, 411 pages.

N° 4 – Jean-Baptiste NARCY, *Pour une gestion spatiale de l'eau. Comment sortir du tuyau ?*, 2004, 342 pages.

N° 3 – Pierre STASSART, *Produits fermiers : entre qualification et identité*, 2003, 424 pages.

N° 2 – Cécilia CLAEYS-MEKDADE, *Le lien politique à l'épreuve de l'environnement. Expériences camarguaises*, 2003, 245 pages.

N° 1 – Edwin ZACCAÏ, *Le développement durable. Dynamique et constitution d'un projet*, 2002 (2e tirage 2003), 358 pages.